食用菌种植能手谈经与专家点评系列

银耳生产能手谈经

孔维威　龚凤萍　段亚魁　主编

中原农民出版社

·郑州·

图书在版编目（CIP）数据

银耳生产能手谈经/孔维威，龚凤萍，段亚魁

主编 . —郑州：中原农民出版社，2023.1

ISBN 978-7-5542-2683-4

Ⅰ . ①银… Ⅱ . ①孔… ②龚… ③段… Ⅲ . ①银

耳-栽培技术 Ⅳ . ①S567.3

中国版本图书馆 CIP 数据核字（2022）第 249033 号

银耳生产能手谈经
YINER SHENGCHAN NENGSHOU TANJING

出 版 人：刘宏伟
策划编辑：段敬杰
责任编辑：侯智颖
责任校对：苏国栋
责任印制：孙 瑞
装帧设计：董 雪

出版发行：中原农民出版社
地址：郑州市郑东新区祥盛街 27 号 邮编：450016
电话：0371-65788199（发行部） 0371-65788651（天下农书第一编辑部）
经 销：全国新华书店
印 刷：河南灏博印刷有限公司
开 本：787 mm×1092 mm 1/16
印 张：9.5
字 数：208 千字
版 次：2023 年 1 月第 1 版
印 次：2023 年 1 月第 1 次印刷
定 价：69.00 元

如发现印装质量问题，影响阅读，请与印刷公司联系调换。

丛 书 编 委 会

主　　编　　康源春　张玉亭

副 主 编　　孔维威　袁瑞奇　王志军

编　　委　　（按姓氏笔画排序）

　　　　　　王志军　孔维威　杜适普　张玉亭

　　　　　　段亚魁　班新河　袁瑞奇　郭海增

　　　　　　黄海洋　康源春

本书编委

主　　编　　孔维威　龚凤萍　段亚魁

副 主 编　　郭海增　张应香　竹　玮　段庆虎

康源春简介

　　河南省农业科学院植物营养与资源环境研究所研究员,国家食用菌产业技术体系郑州综合试验站站长,"河南省食用菌创新型科技团队"带头人,"河南省食用菌栽培工程技术研究中心"主任,河南省"四优四化"科技支撑行动计划食用菌专项首席专家,兼任中国食用菌协会常务理事、河南省食用菌协会会长。获得全国优秀科技特派员、河南省五一劳动奖章、河南省先进工作者等荣誉表彰。参加工作以来,一直从事食用菌学科的科研、生产和示范推广工作,以食用菌优良品种选育、高产高效配套栽培技术、食用菌工厂化生产等为主要研究方向。

康源春(中)在韩国首尔授课后同韩国专家(右)、意大利专家(左)合影留念

张玉亭简介

　　河南省农业科学院植物营养与资源环境研究所所长、研究员,河南农业大学硕士研究生导师; 河南省食用菌产业技术体系首席专家, 河南省土壤学会理事长,河南省农学会理事,中国土壤学会常务理事,河南省农业生态环境重点实验室主任,河南省食用菌科技特派团团长,郑州市科技领军人才。享受国务院政府特殊津贴。

张玉亭研究员
在食用菌大棚
指导生产

像照顾孩子一样
管理蘑菇

"食用菌种植能手谈经与专家点评系列",是针对当前国内食用菌生产形势而出版的。

2009年2月,中原农民出版社总编带领编辑人员,去河南省一家食用菌生产企业调研,受到了该企业老总的热情接待和欢迎。老总不但让我们参观了他们所有的生产线,还组织一线员工、技术人员和管理干部同我们进行了座谈。在座谈会上,企业老总给我们讲述的一个真实的故事,深深地触动了我。

他说:企业生产效益之所以这么高,是与一件事分不开的。企业在起步阶段,由于他本人管理经验不足,生产效益较差。后来,他想到了责任到人的管理办法。那一年,他们有30座标准食用菌生产大棚正处于发菌后期,各个大棚的菌袋发菌情况千差万别,现状和发展形势很不乐观。为此,他便提出了各个大棚责任到人的管理办法。为了保证以后的生产效益最大化,他提出了让所有管理人员挑大棚、挑菌袋分人分类管理的措施……由于责任到人,目标明确,管理到位,结果所有的大棚均获得了理想的产量和效益。特别是发菌较好的菌袋被挑走后的那个棚,由于是技术员和生产厂长亲自管理,在关键时期技术员吃住在棚内,根据菌袋不同生育时期对环境条件的要求,及时调整菌袋位置并施以不同的管理措施,也就是像照顾孩子一样管理蘑菇,结果该棚蘑菇产量最高,质量最好。这就充分体现了技术的力量和价值所在。

这次访谈,更坚定了我们要出一套食用菌种植能手谈经与专家点评相结合、实践与理论相统一的丛书的决心与信心。

为保障本套丛书的实用性与先进性，我们在选题策划时，打破以往的出版风格，把主要作者定位于全国各地的生产能手（状元、把式）及食用菌生产知名企业的技术与管理人员。

本套书的"能手"，就是全国不同地区能手的缩影。

为保障丛书的科学性、趣味性与可读性，我们邀请了全国从事食用菌科研与教学方面的专家、教授，对能手所谈之经进行了审读，以保证所谈之"经"是"真经"、"实经"、"精经"。

为保障读者一看就会，会后能用，一用就成，我们又邀请了国家食用菌产业技术体系的专家学者，对这些"真经"、"实经"、"精经"的应用方法、应用范围等进行了点评。

本套书从策划到与读者见面，历时近3年，其间两易大纲，数修文稿。本套书主编河南省农业科学院食用菌研究开发中心主任康源春研究员、河南省农业科学院植物营养与资源环境研究所所长张玉亭研究员，多次同该丛书的编辑一道，进菇棚、住农家、访能手、录真经……

参与策划、组织、写作、编辑的所有同志，均付出了大量的心血与辛勤的汗水。

愿该丛书的出版，能为我国食用菌产业的发展起到促进和带动作用，能为广大读者解惑释疑，并带动食用菌产业的快速发展，为生产者带来更大的经济效益。

但愿我们的心血不会白费！

银耳

生产能手谈经

食用菌产业是一个变废为宝的高效环保产业。利用树枝、树皮、树叶、农作物秸秆、棉籽壳、玉米芯、牛粪、马粪等废弃物进行食用菌生产，不但可以增加农业生产效益，而且可减少环境污染，美化和改善生态环境。食用菌产业可促进实现农业废弃物资源化发展进程，可推进废弃物资源的循环利用进程。食用菌生产周期短，投入较少，收益较高，是现代农业中一个新兴的富民产业，为农民提供了致富之路，在许多县、市食用菌已成为当地经济发展的重要产业。更为可贵的是食用菌对人体有良好的保健作用，所以又是一个健康产业。

　　几千亿千克的秸秆，不只是饲料、肥料和燃料，更应该是工业原料，尤其是食用菌产业的原料。这一利国利民利子孙的朝阳产业，理应受到各界的重视，业内有识之士更应担当起这份重任，从各方面呵护、推助、壮大它的发展。所以，我们需要更多介绍食用菌生产技术方面的著作。

　　感恩社会，感恩人民，服务社会，服务人民。受中原农民出版社之邀，审阅了其即将出版的这套农民科普读物，即"食用菌种植能手谈经与专家点评系列"丛书的书稿。

　　虽然只是对书稿粗略地读了一遍，只是同有关的作者和编辑进行了一次简短的交流，但是体会确实很深。

　　读过书，写过书，审阅过别人的书稿，接触过领导、专家、教授、企业家、解放军官兵、商人、学者、工人、农民，但作为农业战线的科学家，接触与了解最多的还是农民与农业科技书籍。

　　在讲述农业技术不同层次、多种版本的农业技术书籍中，像中原农民出版社编辑出版的"食用菌种植能手谈经与专家点评系列"丛书这样独具风格的书，还是第一次看到。这套丛书有以下特点：

1. 新。邀请全国不同生产区域、不同生产模式、不同茬口的生产能手(状元、把式)谈实际操作经验,并配加专家点评成书,版式属国内首创。

2. 内容充实,理论与实践有机结合。以前版本的农科书,多是由专家、教授(理论研究者)来写,这套书由理论研究者(专家、教授)、劳动者(农民、工人)共同完成,使理论与实践得到有机结合,填补了农科书籍出版的一项空白。

(1)上篇"行家说势"。由专家向读者介绍食用菌品种发展现状、生产规模、生产效益、存在问题及生产供应对国内外市场的影响。

(2)中篇"能手谈经"。由能手从菇棚建造、生产季节安排、菌种选择与繁育、培养料选择与配制、接种与管理、常见问题与防治,以及适时收、储、运、售等方面介绍自己是如何具体操作的,使阅读者一目了然,找到自己所需要的全部内容。

(3)下篇"专家点评"。由专家站在科技的前沿,从行业发展的角度出发,就能手谈及的各项实操技术进行评论:指出该能手所谈技术的优点与不足、适用区域范围,以防止读者盲目引用,造成不应有的经济损失,并对能手所谈的不足之处进行补正。

3. 覆盖范围广,社会效益显著。我国多数地区的领导和群众都有参观考察、学习外地先进经验的习惯,据有关部门统计,每年用于考察学习的费用,都在数亿元之多,但由于农业生产受环境及气候因素影响较大,外地的技术搬回去不一定能用。这套书集合了全国各地食用菌种植能手的经验,加上专家的点评,读者只要一书在手,足不出户便可知道全国各地的生产形式与技术,并能合理利用,减去了大量的考察费用,社会效益显著。

4. 实用性强,榜样"一流"。生产一线一流的种植能手谈经,没有空话套话,实用性强;一流的专家,评语一矢中的,针对性强,保障应用该书所述技术时不走弯路。

这套丛书的出版,不仅丰富了食用菌学科出版物的内容,而且为广大生产者提供了可靠的知识宝库,对于提高食用菌学科水平和推动产业发展具有积极的作用。

中国工程院院士
河南农业大学校长

目 录

如何在好的栽培环境中，建造一个便于人工调控各生长因子、适宜银耳生长发育的出耳棚，在银耳生产的整个过程中至关重要。

俗话说"根据农时，安排农事"。把银耳各个生长阶段尽可能地安排在其适合的季节，可以大幅度地降低生产成本和管理难度，更容易实现高产、优质的目标。

万物种为先，品种在很大程度上能决定产品的产量、品质和商品性状，优良品种是段木银耳生产获得优质高效的基础。

银耳段木栽培的整个过程都在自然温度条件下进行，周期较长，受外界环境影响大，必须根据不同的季节和气候，及时调整管理方法。在整个过程中，要抓好耳木处理、接种、发菌、起架、出耳等主要环节，并根据当时的气候条件，灵活采用适当的方法。

银耳采收、加工与储藏，对银耳的产量、品质和商品性状都有很大影响，不可轻视。

下篇 专家点评 ·············

银耳种植能手所讲的都是他们在银耳生产实践中摸爬滚打多年总结的宝贵经验，能够拿出来与大家分享，难能可贵。这些经验，对银耳生产作用明显，由于他们所处环境的特殊性，也存在着一定的片面性。为确保广大读者开卷有益，请看行业专家解读能手们所谈之经的应用方法和应用范围。

在银耳整个生产过程中，生产管理用水和环境空气质量的好坏，同样会影响银耳子实体的健康生长和产品的质量安全。

银耳生产，从华东的福建到华中的河南，栽培范围十分广泛。广大的银耳生产者要根据当地气候特点和资源优势，因地制宜设计建造各具特色的配套栽培设施，并通过科学有效的管理模式和方法，为银耳栽培的成功提供物质保障。

目录

3

上篇

行家说势

　　银耳,又称为白木耳,明清以前,一直是皇帝和达官显贵养生益寿的佳品,具有较高的营养价值,其蛋白质含量在8%左右,碳水化合物含量高达68%,脂质含量为0.5%~13%,无机盐含量为4.1%~5.8%。现代医学研究表明,银耳多糖是其主要生物活性物质,具有特殊的保健功能,具有调节人体免疫、抗肿瘤、抗病毒以及降血糖血脂等作用。

一、认知银耳 ⋯⋯⋯⋯⋯⋯⋯⋯⋯⋯⋯⋯⋯⋯⋯⋯⋯⋯⋯ ◆

　　银耳作为食用菌大家族中元老级成员,它有着独特的生物学特性和营养保健功能,深入了解其生物学特性、发展历史和营养保健功能,是减少从业者盲目性和风险性的必修课,能少走弯路,减少损失,提高生产效益。

银耳在我国食用的历史可以追溯到 1 400 年前,是我国著名的食、药用真菌,因为其有"润肺止咳、和胃润肠、益气和血、滋阴补肾、补脑提神、壮体强筋、嫩肤美容、延年益寿"之功能,是我国人民喜爱的滋补品。现代研究表明,银耳的主要药用成分是多糖,具有降血糖、抗肿瘤、提高免疫力、提高肝脏解毒力、延缓衰老、降血脂、抗凝血和强心等功效。野生银耳较集中地分布于亚洲东部、北美洲东部和南美洲的巴西等地。我国野生银耳分布于四川、河南、云南、湖北、福建及台湾等地,春末至晚秋,子实体群生或单生于阔叶树腐木及栎树上。

(一)银耳的生物学特性

1. 银耳分类地位

1)银耳分类地位 银耳(*Tremella fuciformis* Berk.)又名桑耳、桑鹅、白树鸡、五鼎芝、白木耳、雪耳、白耳子等,在分类上隶属于真菌界、担子菌门、银耳纲、银耳目、银耳科、银耳属。

2)银耳伴生菌——香灰菌的分类地位 银耳的伴生菌为香灰菌。杨新美认为它是绿黏皱霉(*Clioclaudium irens*);黄年来认为香灰菌可能是 3~4 个不同的生物学种,不同的银耳菌株需要与不同的香灰菌配合;谢宝贵等认为香灰菌与 *Hypoxylon sygium* 遗传学关系较近,可视为同一种;邓优锦等对 18 个不同的香灰菌菌株进行遗传差异性分析,以差异系数 0.48 为阈值时,分为 7 个类群。但是现在还没有获得香灰菌形成的有性或无性孢子(炭团菌属的典型特征),因此目前香灰菌只能暂定为炭团菌属。

2. 银耳形态结构

1)银耳的形态结构 银耳的新鲜子实体纯白色或略带黄色,半透明,胶质,柔软,表面光滑,富有弹性,丛生或单生;由许多薄而波卷状褶的瓣片丛生,呈菊花状、牡丹状、鸡冠状或绣球状等,直径 5~16 厘米,子实体干缩成角质,硬而脆,呈白色或米黄色。

成熟的子实体表面有一层米黄色或白色的粉状担孢子,呈卵圆形,大小为(5~7)微米×(4~6)微米。担孢子产生芽管,萌发成菌丝或以出芽方式产生酵母状分生孢子。在芽殖过程中,分生孢子越来越多,越来越小,在 PDA 培养基上为乳白色、半透明、黏糊状、表面光滑的酵母状菌落,其较难萌发产生菌丝。

银耳菌丝白色,其气生菌丝一般平贴或直立在培养基表面,短而密,为多细胞具有分支的菌丝,有锁状联合,直径 1.5~3 微米。在适宜条件下,普通培养基上的菌丝会出现白色绒球状的菌丝团,俗称"白毛团",先分泌水珠状的液体,逐渐浓稠,变为黄褐色,最后胶质化形成银耳。菌丝分为结实性双核菌丝、双核菌丝和单核菌丝等,结实性双核菌丝可产 1 个细胞核。

2)香灰菌的形态结构 香灰菌菌丝初生为灰白色,常有细长的主干和侧生的略呈羽毛状的分支,老菌丝变为淡黄色或淡棕色,培养基则逐渐由淡褐色变为黑色或黑带绿色。香灰菌在木屑培养基上常常会产生黄绿色至草绿色的椭圆形分生孢子,大小为 3 微米×5 微米,在段木表面则会产生扁平状黑色子座。

3. 银耳生态习性

1)银耳是伴生菌协同完成生活史的典型代表 香灰菌可以分解培养基为银耳提供

营养,两种菌丝间有直接接触,可以进行营养物质的交换与传递。银耳子实体生长发育对香灰菌分解纤维素具有促进作用。谢宝贵等研究认为银耳与香灰菌的伴生关系为营养共生,发现银耳胞外酶活性最弱,香灰菌胞外酶活性第二,两者混合时胞外酶活性最强,两者呈现出极强的协同增效作用。邓优锦等研究发现银耳与香灰菌菌丝之间可以直接进行营养物质传输。徐碧如等研究认为银耳和香灰菌为寄生关系,银耳为寄主,香灰菌为宿主,香灰菌为银耳提供养分和水分,使银耳可以长出子实体。吴尧研究发现银耳菌丝有大量的吸器细胞结构,其可以作用于香灰菌丝,并可能依靠这种结构寄生于香灰菌。

2)银耳具有二型态现象 银耳是一种二型态食用菌,菌丝体能在环境或其他因素的影响下,在酵母型和菌丝型间发生可逆互变。银耳的二型态可以分为具有锁状联合的双核菌丝,丝状体型和链状的假菌丝型及酵母状节孢子3个层次。银耳二型态转变会引起细胞代谢水平的变化。

4. 银耳生活史 国内外有很多研究者研究过银耳的生活史,提出了许多不同的观点,现在较为一致的看法是银耳子实体产生担子,担子经减数分裂后产生担孢子,担孢子是二因子四极性,既可反复芽殖生长,也可以配对形成萌发管并向双核菌丝转变;双核菌丝在培养过程中,常因环境及营养条件影响而断裂,产生能够反复芽殖的节孢子。随着双核菌丝的生长发育,达到生理成熟的双核菌丝,就逐渐发育成"白毛团"并胶质化成银耳原基。银耳原基在良好的营养和适宜的环境条件下,形成银耳子实体。随后又从成熟子实层上弹射出担孢子,完成整个生活史,如图1-1-1所示。

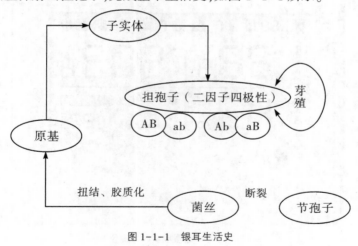

图1-1-1 银耳生活史

5. 银耳的生活条件 银耳属于木腐菌,其生长发育需要营养、温度、光照、水分、空气、酸碱度等生长条件。为了顺利栽培银耳,必须了解银耳和香灰菌菌丝生长发育所需的生长条件,以满足其需要。

1)营养 银耳完成生活史,需要适宜的碳源、氮源和矿质元素等营养条件,自然条件下,对香灰菌具有很大的依赖性。

(1)碳源 银耳菌丝可同化利用葡萄糖、半乳糖、麦芽糖、蔗糖、木糖、甘露醇、纤维二糖、乙醇、乙酸钠等,不能同化利用可溶性淀粉、半纤维素、纤维素、乳糖、乙二醇、丙三醇等。银耳菌丝只有依靠香灰菌菌丝,先将基质中的大分子化合物(如纤维素、半纤维素和淀粉等)分解为简单的小分子化合物,然后才能利用。

银耳与香灰菌系统作用,可分解多种木材,彭彪等研究了刨花楠、青冈栎、乌桕、盐肤木、柿树、拟赤杨木屑对银耳菌种和出耳的影响,认为刨花楠是最好的银耳栽培原料,其次为青冈栎,再次为乌桕、盐肤木、柿树、拟赤杨。自然条件下,适宜银耳生长的树种可超过100种,常见的青冈栎、枫香、乌桕、垂柳、榕树等树种均可作为银耳栽培的碳源来源。

(2)氮源 银耳菌丝最喜好利用蛋白胨和硫酸铵,而难以利用硝态氮。伴生菌香灰菌,在麦麸、蛋白胨和酵母粉为氮源的培养基上长势较好,可以利用硫酸铵和硝酸钙等,但利用效果较差。

(3)矿质元素 矿质元素主要参与银耳细胞的合成,能量代谢,酶活调节,维持细胞的渗透性和控制原生质胶体状态等过程。银耳生长发育需要的矿质元素有钙、镁、硫、磷、钾等,在培养基中添加适量的石膏粉、硫酸镁、过磷酸钙和磷酸二氢钾等,有利于菌丝和子实体的生长发育。段木栽培银耳时,一般采用适当的树种,可以为银耳生长发育提供较全面的营养。

2)温度 银耳是一种中温真菌,其在不同的生长发育阶段,对温度的要求不一样。栽培时应根据不同生长时期将温度控制在适宜的范围内。生产中常用监测设备有温湿度实时监测仪(图1-1-2)等。

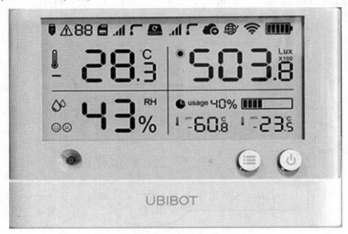

图1-1-2 温湿度实时监测仪

温度对孢子萌发的影响。银耳担孢子在15~32℃下均能萌发形成菌丝,适宜的温度为22~25℃。银耳孢子在28℃经48小时,在16℃经52小时,会形成芽孢,芽孢在-17.7℃下2小时,也不会失去萌发能力,因此芽孢的耐寒能力较强。

温度对菌丝生长的影响。银耳菌丝与香灰菌菌丝生长对温度要求稍微有差异。银耳纯菌丝生长温度为8~34℃,在12℃以上,随着温度的上升,生长速度逐渐加快;适宜温度为20~25℃,低于18℃菌丝细胞壁自然脱水加厚,形成芽孢,处于休眠状态;超过28℃不利于菌丝生长;35℃以上停止生长。而香灰菌丝较耐高温,30℃生长速度比

22 ℃更快,38 ℃仍能生长,适宜温度为 25~28 ℃。银耳与香灰菌的混合菌丝体,在 6~32 ℃均能生长,适宜温度为 23~26 ℃,在 0 ℃能够存活,35 ℃停止生长,39 ℃以上会死亡。

温度对银耳原基分化和子实体发育的影响。子实体分化发育的温度为 15~30 ℃,适宜温度为 18~23 ℃,子实体生长快,展片好,耳片厚,产量高;超过 28 ℃生长快,耳片薄,质量差,产量低,易腐烂。

3）光照 银耳和香灰菌均为喜光性菌类,菌丝和子实体生长发育需要一定的散射光,适宜光照度为 300~500 勒。生产中常用监测设备有光照度测量仪（图 1-1-3）等。香灰菌色素的形成与光强有关,光强色素形成快而多,黑暗培养色素分泌物很少,有散射光时,菌丝粗壮,分泌物正常。光线过暗,银耳子实体分化迟缓,质量较差;光线过强,会直接杀死银耳的菌丝和孢子,并且不利于孢子的萌发和子实体的分化。

图 1-1-3　光照度测量仪

4）水分 银耳在不同生长发育阶段对水分的要求不同。菌丝生长阶段,段木的含水量为 40%~45%,代料培养基的含水量为 60%~65%,培养室的空气相对湿度应保持在 70% 以下,后期可逐渐提高。子实体发生阶段要求空气相对湿度为 85%~95%。控制和调节培养基含水量和空气相对湿度,是促进菌丝体和子实体健康快速生长发育的重要措施。生产中常用监测设备有全自动快速水分测定仪（图 1-1-4）等。

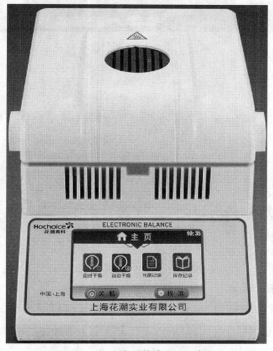

图 1-1-4　全自动快速水分测定仪

5)空气　银耳整个生长发育期都需要氧气,孢子萌发与菌丝生长前期需氧量较小,菌丝生长后期需氧较大。缺氧会导致银耳原基分化迟缓,扭结成团不能正常开片。子实体成长期,呼吸作用旺盛,应经常通风换气,保持栽培棚(室)内空气新鲜,保持清风微拂可以提高银耳的产量、保证耳形优美。生产中常用监测设备有二氧化碳浓度测量仪(图1-1-5)等。

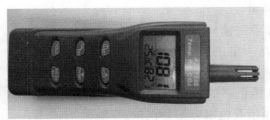

图1-1-5　二氧化碳浓度测量仪

6)酸碱度　银耳菌丝在 pH 5~7 都能正常生长,适宜的 pH 为 5.2~5.8,低于 4.5或高于 7.2 不适合菌丝生长和孢子萌发。

综上所述,温度是银耳生长发育最重要的环境因子之一,是栽培季节选择的依据;菌丝生长阶段虽然对氧气的需求量较少,但是,缺氧会导致菌丝生长不良,影响银耳产量;水分和酸碱度也一样会影响菌丝的生长,栽培时需要将其调控在适宜范围内。生产中常用监测设备有 pH 计(图1-1-6)等。

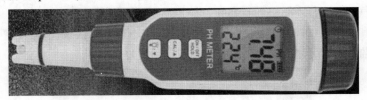

图1-1-6　pH计

诚告家行

看不见摸不着的培养料酸碱度是决定银耳生产效益的主导性生态因子。银耳菌丝体在 pH 5~7 都能生长,但在偏酸的环境中,菌丝体生长发育不良。因此,一般在拌料时,都会把培养料 pH 适当调高至 7~7.2,灭菌过程会使培养料变酸,pH 即为微酸的 5.2~5.8,正好适宜银耳菌丝体的生长发育。

(二)我国银耳发展简史

我国是银耳栽培的发祥地,也是世界上最早认识和利用银耳的国家,银耳与参、茸、燕、桂齐名。很早以前,我国古代典籍中就有关于银耳的记载,称银耳为"五鼎芝""白树鸡"和"五木耳"。南朝梁陶弘景(456—536 年)在《本草经集注》中添加按语,"老桑树生燥(耳之干者)耳,有黄者,赤、白者,又多雨时亦生软湿者,人采以作菹,无复药用",不少学者认为,"白"可能就是今天所说的银耳,这可能是有关银耳的最早记载。

最早人工驯化栽培银耳的是四川通江人。据涪阳石碑记载:通江银耳栽培始于光绪二十年(1894年)。1932年,福建省闽侯县三山农艺社潘志农引进菌丝状银耳菌种,着手人工接种试验。在此前后,福建泉州陈炳坤,漳州李敏、郑剑光开展相同试验。1937年,刘澍霖在贵州遵义考察银耳生产,在《农声》杂志发表了《遵义银耳生产历史、方法、集散市场和税捐情况》。

1941年,杨新美首次采用弹射分离法获得银耳酵母状芽孢菌种,1954年,公开发表银耳芽孢菌种的分离与接种技术,在贵州、浙江、江西、福建等省推行银耳新法栽培技术,单产提高7倍以上;上海市农业科学院在1962年完成了银耳菌种的驯化和段木人工栽培研究;徐碧如在1963年第一次提出了银耳与香灰菌的伴生关系,这为银耳制种提供了理论依据。

20世纪60年代末和70年代初,上海农业科学院和福建三明市真菌研究所等科研单位研究成功用木屑瓶栽银耳,改变了长期沿用段木栽培方式,每100千克木屑可收干耳1~1.5千克,这是我国银耳发展史上的一大贡献,也是我国银耳生产发展的重要转折点。从此,银耳栽培技术的发展进入快车道。1969年,古田大桥乡苍岩村姚淑先研究成功木屑银耳瓶内开花,瓶外展片,产量比段木栽培法提高近20倍;1977年戴维浩改银耳玻璃瓶栽培为塑料袋栽培成功,解决了瓶子笨重易破、成本增加的难题,并迅速在福建和山东、河南等地大面积推广;20世纪80年代初期,姚淑先试验用棉籽壳栽培银耳成功,解决了"菌林矛盾"。

我国银耳栽培大体经历了三个阶段,即砍树栽培、段木栽培和代料栽培(图1-1-7)。

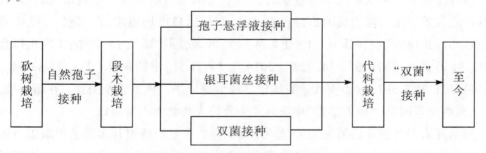

图1-1-7　银耳栽培技术的发展历程

银耳段木栽培历史较早,至今仍然沿用,但随着银耳制种技术的提高,段木栽培也经历了天然孢子接种阶段、银耳孢子悬浮液接种阶段、银耳菌丝接种阶段和双菌接种阶段。代料栽培是银耳生产中的另一次飞跃,代料栽培原料易得,生长周期短,操作简单,银耳产量大幅度提高,使银耳进入了寻常百姓人家。

当前银耳段木栽培与代料栽培模式并存,代料银耳占主导地位,但是随着人民生活水平的提高,段木银耳因为口感较好和食用价值较高,段木银耳中的钙、镁、铁、锰元素含量高于代料银耳,其中钙元素含量是代料银耳的45倍多,段木银耳中的总糖、还原糖及脂质含量高于代料银耳,段木银耳的栽培量及消费量也在逐年增加。

(三)营养与保健功能

1. 营养价值 银耳是一种营养价值较高的食用菌,是我国久负盛名的滋补品和筵席珍品。银耳含有丰富的蛋白质、脂肪、碳水化合物、粗纤维、无机盐、多种微量元素和多种维生素等营养成分。每百克银耳含蛋白质5.0克,脂肪0.6克,碳水化合物79克,热量1 427焦,钙380毫克,磷250毫克,铁30.4毫克。银耳蛋白质中含有18种氨基酸,人体必需氨基酸中的3/4银耳都能提供。

2. 药用价值 银耳是祖国医药宝库中久负盛名的一味良药。据《本草诗解药性注》记载:白木耳"有麦冬之润而无其寒,有玉竹之甘而无其腻,诚润肺滋阴要品"。这里的白木耳即银耳,被历代皇家贵族看作是"延年益寿之品"和"长生不老良药"。

银耳是一种用途十分广泛的药用菌,从汉代的《神农本草经》,到明代的《本草纲目》,以及近代的《中国药学大辞典》都对银耳药用功效做过记载,银耳有治疗肺热咳嗽,小便出血,大便秘结,妇女月经不调等作用,具有益气和血,滋阴补肾,益胃润肠,强精壮体,延年益寿,提神补脑,美容嫩肤等功效。现代药理学、免疫学和临床研究表明,银耳对老年慢性支气管炎、肺源性心脏病有显著疗效;可以提高肝脏的解毒能力;可以提高机体对原子辐射的防护力;可用于防治白细胞减少;银耳酸性多糖制剂,可治疗肿瘤,可清除自由基,诱导人体产生抗体及干扰素,可治疗糖尿病、高血压、高血脂等多种病症。

(四)发展前景与经济效益

1. 发展前景 随着人们对银耳认识的逐步深入和保健意识的加强,银耳产品的市场需求日益扩大。过去银耳限于广东、江苏、浙江等南方诸省消费,如今遍及大江南北,成为全国城乡亿万百姓餐桌上的大众化菜肴,产品需求增加,销量不断扩大。

银耳在其他国家或地区少有栽培,仅日本、韩国等对银耳有少量栽培、研究。我国银耳产业世界领先。作为我国的特色农产品,银耳出口市场稳定,在东南亚、欧美等地广受欢迎。2018年,我国银耳(干)出口4 349.38吨,同比增长13.72%;实现出口金额6 392.91万美元,同比增长14.72%。2019年1~11月,中国银耳(干)出口3 946.44吨,实现出口额5 582.88万美元。我国银耳成为海外华人佳节思乡美食。在新加坡、泰国、马来西亚等国家,"唐人菜馆"中银耳成为外国人必尝的中华一珍。

当前深入开展银耳的精深加工,品种不断增加,主要围绕银耳多糖的提取以及添加制备成化妆品、保健品、药品。市场上常见银耳饮料、冲剂、罐头、果冻、饼干、银耳保健口服液等食品以及银耳保湿霜等部分化妆品;近年来各地又相继开发了银耳大曲、银耳软糖、银耳香槟和银耳通便降脂胶囊等产品,未来越来越多的银耳产品将会被开发出来。

2. 栽培银耳的经济效益 代料银耳栽培可充分利用农林副产物,且产量显著高于段木银耳,据统计,每100千克棉籽壳,可产干耳16~18千克,高产可达20千克,是段木银耳产量的10倍以上,同时生产周期从接种到采收35~40天,显著短于段木银耳。因此,我国现行商业性生产的银耳,主要是采用培养料袋栽方式。

银耳
生产能手谈经

代料栽培银耳生产技术简单易学,投资大小不限,经济效益较突出。一个占地 1 亩(1 亩 ≈ 667 米²)的塑料大棚,一个生产周期投料 1 万千克,可产干银耳 1 800 千克左右,按全年平均价格 40 元/千克计算,可实现产值 7.2 万元,扣除综合成本 2.5 万元左右,获利可达 4.7 万元左右。

如果在林木资源丰富的山区,可以有计划地发展段木银耳生产,根据"坐七砍八"的可持续利用原则,以银耳林资源利用不饱和率 60% 左右进行规划,其生产规模至少可以达到现有规模的 2 倍以上,经济效益十分显著。段木银耳产量水平多在 1.5 千克/100 千克段木,高的可达 3 千克/100 千克段木。占地 1 亩的段木银耳生产场地可以摆放耳木 7 400 根,一个生产周期(约 1 年)平均产干银耳 1 000 千克,段木银耳的市场销售价格平均为 200 元/千克左右,一个生产周期 1 亩的产值可达 20 万元,扣除综合成本(木杆、菌种、铁丝、棚架、喷灌软管、人工等)6 万元左右,获利可达 14 万元左右。

上篇 行家说势

二、银耳生产现状、趋势与存在问题-------------◆

　　银耳生产和其他事物的发展一样,从无到有,从小到大,从弱到强。栽培原料从单一向多元发展,栽培模式由段木栽培向代料栽培模式发展。生产规模日益扩大,正朝着周年栽培的方向发展。

（一）银耳的生产现状

据统计，2018年我国银耳产量约52.85万吨，折合干耳4.93万吨，产值约40亿元。福建是我国银耳生产最大的省份，2018年福建古田栽培银耳规模达3.68亿袋，产量达到44.31万吨，约占全国的83.8%。产地集中在闽中沿鹫峰山和戴云山脉中的山区，古田、屏南、建阳、闽清、永泰等县、市，其中古田县年产量约占全国总产量的80%，被誉为"中国银耳之乡"。"古田银耳"1995年获第二届中国农业博览会金奖；2004年被国家质检总局授予"中华人民共和国地理标志保护产品"。逐步形成了以福建古田为代表的代料银耳生产基地。近年来山东、江苏、江西、河南、河北、安徽、湖南、湖北等省，均有不同规模的发展。

四川银耳产区，主要集中在大巴山地区的通江县涪阳、诺水河和沙溪等地22个乡镇，主要采用段木栽培，成都平原周边有少量栽培。段木银耳近十年在信阳浉河区、平桥区、罗山县和商城县，湖北随州等地也迅速发展起来，因气候和资源优势，生产出高产优质银耳，渐渐发展为可以媲美通江县的主要段木银耳产区。

（二）生产发展趋势

随着我国银耳产业的蓬勃发展，银耳生产栽培从粗放逐步向精准方向发展，由利用自然条件的栽培向人工控温、控湿的方向发展，由简单设施向工厂化精确控制的方向发展，栽培技术日益成熟，代料、段木银耳周年生产已初具雏形。生产者可根据实际情况，选择适宜的种植模式，银耳栽培区域将不断扩大。

①菌种生产由传统的小农自我保藏、制作菌种向菌种厂规模化、统一化制作销售发展。菌种厂具有集约资源和技术的优势，可以克服小农的散、乱、小及抗风险力弱等问题，可以进行种质资源的有效保护和开发，建立统一的菌种制作和质量标准，为银耳生产提供高质量的菌种，满足生产上的需求。

②栽培原料由传统单一原料向多来源、多配方代用料发展。传统的原料为麻栎、青冈栎等生长7年左右的段木，出现"菌林矛盾"，限制了生产区域，制约了银耳的快速发展。随着代用料的替代，如棉籽壳、棉柴秆、玉米芯、林果树修剪枝木屑等，既可以进行银耳的栽培，又提高了农林废弃物的利用率。

③栽培模式由传统的段木栽培向代料栽培和段木栽培模式并存，代料栽培为主导发展。段木栽培限制了原料来源和生产场地，而代料栽培则可以解决原料来源和生产场地限制的问题，促进了银耳生产模式的创新和快速发展。

④由单季生产向周年化生产转变。银耳生产一般以夏耳生产为主，生产设施设备利用时间仅有4个月，产品季节性大量供应市场。但是，随着银耳多茬次栽培技术的推广应用，形成了银耳周年化生产模式，使银耳生产提高了设施设备的利用率，实现了周年化生产，产品能够全天候供应市场。

⑤生产规模由散乱小向集中方向发展。传统栽培是小农一家一户的房前屋后种植，栽培量小，出耳时间不统一，难以集中销售，价格差距很大。合作社成员联合栽培或工厂化规模栽培，可以统一栽培时间、均衡满足市场需求，有利于银耳生产的持续健康发展。

⑥产品质量由不稳定向稳定发展。传统的银耳栽培生产条件落后,受自然条件的影响大,银耳产量较低、品质较差。随着生产方式的机械化、标准化和规模化,菌袋生产成功率、生物学效率和生产自动化率提高等,银耳生产所需的温、光、湿、气等环境条件全程可控可调,产出的产品质量稳定可控,可以根据市场需求调控产品的外形、大小、颜色和产量。

诚告家行

银耳栽培历史悠久,技术成熟,国内从南到北均有栽培,生产规模庞大。在市场经济条件下,产品价格一定会有起起伏伏,大家不要盲目跟风,而要根据自身实际,结合当地气候特点、资源优势以及市场行情,审时度势,设计合理的生产规模和栽培模式,方可获得银耳栽培的成功。

(三)存在的问题

我国是银耳生产大国和出口大国,但银耳的相关研究却显得较为薄弱,产业发展的许多基本问题未能得到很好的解决。随着银耳产业的不断发展,生产实践与研究之间的矛盾日益明显,加强银耳基础研究力度,促进银耳产业的健康发展已经成为我们迫切的任务。

新方法、新技术在银耳和香灰菌的遗传学和生理学研究、新品种育种及菌种保藏等方面的应用较为欠缺,尚未取得实质性进展。另外,由于银耳生物学特性的特殊性,不能借鉴其他食用菌现有成熟的研究方法和技术体系,这增加了银耳相关科学技术研究取得较大进展的难度。

目前整个银耳产业链也存在一些问题:银耳生产普遍规模较小,没有形成具有重要影响力的龙头企业和过硬品牌;银耳的精深加工技术环节薄弱,限制了银耳高附加值的产出;工厂化栽培方面起步晚等。

解决上述问题应该从技术本身和外部环境2个方面进行考虑。加大科研人才、资金及政策支持力度,主攻银耳栽培有根本意义的遗传学与生理学研究,力克银耳在菌种选育和保藏方面的问题;结合乡村振兴战略,加大政府对企业的支持力度,着力打造具有重要区域影响力的龙头企业和品牌;要增加科研力量和设备的投入,突破精深产品加工技术的瓶颈,开发出人民群众喜爱的多功能、高附加值产品;加大银耳工厂化栽培方面技术和资金的投入,逐步建设一批骨干型工厂,撑起银耳产业大旗;要建立完善的销售渠道,积极拓展国内外消费市场和新兴市场,加大对银耳产品的宣传,普及银耳产品功能知识及消费意识是促进银耳消费的有效途径。

中篇

能手谈经

银耳种植能手都是从生产一线摸爬滚打走过来的，实践经验非常丰富。他们从实际操作者的角度，将自己多年来段木银耳栽培中的经验和教训加以总结，并倾囊相赠，更直观、更直接、更贴近实际，希望给您带来较大的收获。

银
耳

生
产
能
手
谈
经

　　银耳段木栽培生产能手郭志杰,河南省信阳人。1991 年开始从事食用菌栽培至今。推广的新技术、新耳种为当地耳农带来了很好的经济效益,在当地享有较高的声誉。

信阳段木银耳栽培自 20 世纪 70 年代开始，最早由商城县的祁隆奇先生从华中农业大学引进试种并获得成功。80 年代初，段木银耳栽培技术逐渐传到信阳浉河区、罗山、新县及驻马店等地。20 世纪末期，经过信阳地区农科所食用菌专家李长喜老师等科技人员不断探索创新，加上当地勤劳的耳农不断地进行经验总结，形成了信阳段木银耳栽培新技术，助推了信阳市段木银耳产业持续发展。近年来，信阳段木银耳栽培面积呈扩大趋势，逐渐成为我国段木银耳最大的产区之一。主要原因有以下几点：一是市场导向，代料银耳与段木银耳的品质相差悬殊，段木银耳因其口感软糯、胶质含量高、易于炖化，深受海外华侨喜爱，每年有一定的出口量，收购价格呈上升趋势，目前每千克干耳价高达 260 元。二是栽培技术有所改进，主要包括制种技术、栽培技术的改进。其中，菌种的分离筛选技术和原种、栽培种改料面接种法为立体接种法，保证了香灰菌和银耳菌的上下比例一致，菌龄一致，接种后出耳朵大优质。三是生产周期短，当年接种当年出耳结束，出耳后的废杆又可作烧柴或粉碎后种菇。据调查，2018 年是信阳地区栽培面积最大的一年，制种量达 95 万千克，可接种段木 1.14 亿千克，按 100 千克段木产干耳 2 千克计，可产干耳 228 万千克，按产地价 260 元/千克计，总产值 5.928 亿元。段木银耳栽培效益较好，据耳农反映，每投入 1 千克段木可获利 2.6~3 元。下面将详细介绍信阳段木银耳栽培技术。

一、段木银耳栽培场地环境

　　银耳同我们人类一样，同样需要一个安全、良好的环境，它才能够茁壮成长，才能有好的品质和产量。

（一）栽培场地安全、便利

环境安全包括两个方面的内容：一是要保证产品的质量安全，二是要保证对银耳的生长不会造成危害和妨碍。银耳作为食品，首先要保证生产出的产品对人体是无害的，这是最起码的一点。另外，随着人们生活水平的不断提高，对食品安全越来越重视，市场对产品质量安全的要求也会进一步严格，不合格的产品将不允许进入市场流通，而我们生产的产品必须进入市场流通才能获得效益，作为生产者，我们一定要把好环境选择这一头道关口，千万不可大意。同时，在环境选择上，要注意不能有危害银耳的物质存在。为此，我们在选择栽培环境时，在安全方面要注意以下几点：

1. **避开工矿企业污染源**　化纤厂、化工厂、电厂、水泥厂、造纸厂、石料厂、石灰厂等工矿企业，在生产过程中会产生大量的粉尘、烟雾和废水，对周边环境和地下水会造成污染，对这些工矿企业要避开 1 000 米以上。

2. **避开病虫害滋生源**　大型动物饲养场、生活垃圾堆放场、垃圾填埋场等场所，容易滋生病菌和害虫，是重要的病虫害滋生地，栽培场所要避开 300 米以上。

3. **避开干线公路**　干线公路上车流量大，汽车排出的尾气以及扬起的灰尘，容易造成空气质量下降，栽培场所要远离干线公路 100 米以上。

4. **各项指标达到要求**　场地环境条件要符合无公害农产品产地环境要求的标准，包括土壤、空气、水源等都要符合无公害化标准。

5. **其他要求**　交通方便，水电供应有保证，靠近水源，附近有丰富的耳木资源。

（二）栽培环境适宜

栽培环境的选择的另一个要求，就是要有一个适宜银耳生长的良好环境，符合银耳不同生长发育阶段基本的要求，有利于实现优质高产。

图 2-1-1　发菌场地

银耳的栽培场地包括发菌场地和出耳场地(图2-1-1,图2-1-2)。发菌场地要求背风向阳、空气清新、靠近水源、地面有少量沙砾的缓坡地为宜。出耳场地选择要求做到"三要三不要",即要阳坡不要阴坡;要土坡不要石坡;要低坡不要高坡。选择给排水方便、环境干净的山谷、林间、溪旁、池畔。要求地势平坦,水源充足,气候温和湿润,"七分阴,三分阳,花花太阳照耳棚"的环境。阴山应择阳处,热地应择阴处,寒地应择阳坡。早晨和黄昏有阳光透射。坡向以南坡、东坡、东南坡为佳,在山腰、山谷有一定平坦面积的阔叶林地,坡度可以10°~30°,不宜太陡,林间郁闭度为0.7~0.8。林下长有苔藓、蕨类、禾本科和莎草科小草的地方为首选。

图2-1-2 出耳场地

二、耳棚搭建

如何在好的栽培环境中，建造一个便于人工调控各生长因子、适宜银耳生长发育的出耳棚，在银耳生产的整个过程中至关重要。

信阳段木银耳多在山间林下仿野生栽培。出耳棚的搭建，最好能满足"七分阴，三分阳，花花太阳照耳棚"的条件，才能确保银耳的产量和品质。下面介绍一下豫南地区段木银耳栽培常见耳棚的建造。

（一）平地搭棚

依地势在平地搭建耳棚。棚宽3.5米左右，棚顶高3米，两侧拱高低于2米，利于棚内通风换气，长度不限。棚内两厢覆瓦式起架出耳，每厢用两根圆竹沿棚纵向固定。圆竹离地70厘米，间距80厘米，固定在每4米一根的立柱上。两厢间走道70厘米，两侧走道50厘米。两侧棚高1.8米，圆竹起拱盖薄膜，两侧和两端薄膜可卷起以调节通风。棚顶加盖草帘或稻草遮阴，或是钢架大棚，盖膜，棚顶加盖遮阳网，必要时距棚顶1米处搭一层遮阳网。常见耳棚如图2-2-1、图2-2-2、图2-2-3所示。

银耳
生产能手谈经

图2-2-1　常规小棚外观

图2-2-2　常规小棚内构造

图 2-2-3　钢构塑料膜出耳棚

（二）坑道式耳棚（图 2-2-4）

选择地势较高的地段，防止下暴雨水流倒灌进棚。地面下挖 50 厘米，挖出的湿土堆积在棚四周拍实，堆高 50 厘米，两侧每米挖一通风窗，在平地起架，棚的宽度和高度同样需要满足平地搭棚尺寸。然后盖膜，棚顶加盖草帘或稻草遮阴。坑道式耳棚具有防风、保温、保湿的效果，但需在前后按间距 3 米各挖一排通风洞，用于通风管理。

图 2-2-4　坑道式耳棚

（三）林下搭棚（图 2-2-5）

根据林木行距确定棚宽，棚架固定、盖膜后，距棚顶 50 厘米处搭一层遮阳网。林下搭建耳棚,其好处:一是银耳生产不与粮食争地;二是林下阴凉防风的小气候,适宜出耳育耳;三是林下栽培银耳对育林可收到以短养长的效果;四是出耳期的喷水管理也有助于林木生长;五是林下栽培银耳,菌林互为有利,银耳排出的二氧化碳是林木的气体肥料,林木排出的氧气有利于出耳育耳。

耳棚的遮阴,一般是在棚膜上加盖草帘或稻草;林下搭棚是在棚膜上搭一层遮阳网,以免漏进直射阳光。

图 2-2-5　林下搭棚

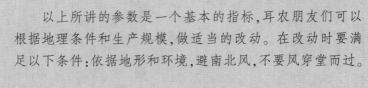

以上所讲的参数是一个基本的指标,耳农朋友们可以根据地理条件和生产规模,做适当的改动。在改动时要满足以下条件:依据地形和环境,避南北风,不要风穿堂而过。

俗话说"根据农时，安排农事"。把银耳各个生长阶段尽可能地安排在其适合的季节，可以大幅度地降低生产成本和管理难度，更容易实现高产、优质的目标。

我国幅员辽阔,南北气候温差很大,种植季节要根据当地气温条件选择,原则上掌握当地气温稳定在 15～18 ℃ 即可接种,适宜温度为 20～26 ℃。接种过早,气温较低影响香灰菌生长,菌种不易萌发成活,或者是菌种吃料缓慢导致耳木受杂菌感染等,造成栽培失败。接种过晚导致出耳过晚,遇高温天气不利于银耳生长发育。

信阳位于淮河上游,地处东经 114°06′,北纬 31°125′,属北亚热带,为亚热带湿润地区,属典型的季风气候。信阳日照充足,年平均气温 16.1～19.6 ℃,无霜期长,平均260～290 天;降水丰沛,年均降水量 1 200～1 900 毫米,空气湿润,空气相对湿度年均87%;四季分明。段木银耳栽培接种季节标准是:根据当地的气候特点,一般为 3 月上旬最低气温连续 7～10 天稳定在 8 ℃ 以上时可以接种。

行家说种

四、菌种选择 ----------------------◆

　　万物种为先,品种在很大程度上能决定产品的产量、品质和商品性状,优良品种是段木银耳生产获得优质高效的基础。

段木栽培银耳菌种,应选择菌龄小,继代培养次数少,生理成熟度低,白毛团旺盛,不易胶质化;菌丝能吃料较深的菌株,菌丝应采用孢子萌发或耳木基质分离方法制备;香灰菌应选择爬壁能力强,羽毛状分支长,对木质素及纤维素分解能力强,易产生黑疤圈的菌种。同时银耳和香灰菌丝要相适应配对,混合菌丝要求可分解利用的树种多,有较广的适应性,生活力和抗病力强。一些地区反映代料栽培的菌种应用到段木生产,效果还不错,表现为出耳早,朵形大,但生产后劲不足,总产量不高。目前信阳段木银耳栽培用菌种大多是在生产中自行分离菌种。有经验的制种户每年到出耳盛期,在主产区大棚到处查看,选择群体和个体均表现优良的耳杆,分离母种,制作原种,经出耳试验后扩大生产栽培种,应用于生产。银耳栽培菌种分离制作技术较为复杂,不建议耳农自行分离制作菌种,可以到有生产资质的菌种场购买栽培种。

银耳
生产能手谈经

在品种的选择和引进方面,应从具有相应技术资质的制种公司或科研院所引种,且种性清楚。

银耳菌种有伴生菌才能生长的特殊性,与常规生产菌种不同,制作环节复杂,不建议银耳栽培户自行制作菌种,可到正规菌种场购买栽培种用于生产。

五、银耳段木栽培技术

　　银耳段木栽培的整个过程都在自然温度条件下进行，周期较长，受外界环境影响大，必须根据不同的季节和气候，及时调整管理方法。在整个过程中，要抓好耳木处理、接种、发菌、起架、出耳等主要环节，并根据当时的气候条件，灵活采用适当的方法。

（一）耳木选择利用

段木银耳栽培树种较多，一般选择质地较密、无芳香气味的阔叶木即可。树龄为7~10年即可。由于不同树种质地不同，失水快慢有差别，砍伐季节应有差别。如栓皮栎一般在12月砍伐，细皮栎一般在翌年1月底砍伐。砍后树木不要及时剔枝，利于抽掉段木多余水分。耳农总结经验是不同场地树木对银耳生长有一定影响，如小山上树木在生长过程中阳光充足，营养足，出耳产量高；而大山深处背阴地方树木光线不足，树木生长缓慢，出耳产量较低。具体原因有待探究。

（二）截段和架晒

段木截长为1米左右，放置于背阳方向的地方"井"字形或三角形堆码，底层用废木材垫支，防止底层耳杆受潮。一般在整个架晒期间需要翻堆2~3次，也可根据段木含水量灵活调整翻堆次数，最终以达到段木含水量适宜为准。现在耳农多以留守老人为主，可能是体力原因，很多耳农省掉了翻堆环节。勤翻堆，让段木含水量均匀一致，利于后期发菌和出耳管理。否则有部分段木含水量过高或过低会影响后期出耳产量和品质。

（三）打穴和接种

1. 打穴　段木银耳接种可以先打穴后接种的方式，即打穴后继续架晒2~3天再接种，使穴孔失去部分水分透气性好，利于菌种定植吃料。有些耳农反映在旧场地打穴后如果不及时接种，穴孔会存储空气中飘落的霉菌孢子引起杂菌感染。所以，栽培场地要保持清洁，减少杂菌基数提高发菌成功率。耳农可以根据自己情况选择打穴后是否架晒。

图 2-5-1　电钻打穴

穴孔密度的大小决定了接种量多少,接种量与出耳早晚和产量高低有一定的关系。当前段木银耳接种多采用电钻打穴(图 2-5-1),接种穴直径 16~18 毫米,接种穴深入木质部 1 厘米,行与行之间距离 4~5 厘米,穴与穴之间距离 8~10 厘米。直径 8 厘米的段木钻三排孔,10 厘米的段木钻四排孔。1 米长段木每排钻 10 个孔。打第二行时,要与第一行呈"丁"字形排列。穴孔应与段木垂直,不能歪斜,接种穴间排列及距离,应力求整齐、均匀。树径较粗,材质硬的树木,接种穴可以密一些,反之,则可稀一些。

2. 接种　选用菌龄一致的栽培种。接种要在晴天无风时段进行,接种环境要求干净,严格操作规程。接种可两人配合操作,也可以一人单独操作,接种人员应戴一次性乳胶手套,用消毒液擦拭手套。首先挑选无杂菌的菌种,用消毒液将菌种袋表面擦拭干净,防止袋壁沾染杂菌,用锋利的刀片灼烧后划破袋子,露出栽培种,将菌种横截成两段,左手拿起一段菌种,右手掰块接种。银耳栽培菌种截面一般应该有三种不同颜色的环状部分,芯部白色的是银耳,中间环状部分灰白相间为银耳、香灰菌混合种,外圈和菌袋底部灰黑色是香灰菌。如果菌种截面白色银耳过少,表明菌龄过短,香灰菌和银耳交合较少,菌种成块性较差,接种后会出现瞎穴现象。反之,截面过于发白,表明银耳占据整个培养基,香灰菌老化,活力较差,吃料能力变差。不同菌龄银耳和香灰菌交合对比如图 2-5-2 所示。

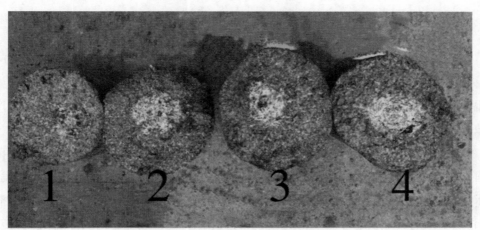

1. 菌种满袋后 20 天　2. 菌种满袋后 40 天　3. 菌种满袋后 60 天　4. 菌种满袋后 80 天

图 2-5-2　不同菌龄银耳和香灰菌交合对比

接种时根据栽培种截面两种菌交合情况掰菌种,可以直接用截面灰白相间部分菌种,效果较好,也可以先接种香灰菌再补充一点银耳。总之要保证每个穴孔有香灰菌和银耳混合,尽量不要将菌种掰得太碎,大块菌种利于菌丝萌发成活。掰好菌种块按压入穴密接,略有突起,用木槌打平,不封口,裸露培养发菌。接种后耳杆立即堆码盖好,避免阳光长时间直晒造成香灰菌脱水死亡或活性降低。每根耳杆用种量 150~200 克。接种如图 2-5-3 所示。

中篇　能手谈经

图 2-5-3 接种

（四）发菌期管理

接种成活率及菌丝生长好坏均与发菌管理有密切关系。一般发菌时间需要 50~60 天。为了使银耳和香灰菌都生长较好，获得理想的栽培效果，应提供满足这两种菌生活的温度、光照、湿度、通气等环境因子的条件。任何一个环节出现问题都会导致减产或绝收，丝毫不能大意。

1. 选地起堆　发菌场地可根据发菌不同时期对温度要求不同而调整位置。发菌早期宜选在背风向阳、排水性好的地段。随着气温回升，要选择在林下或搭棚遮阴发菌。要求场地环境清洁，首先要清除地面杂草，平整场地，场地整理后可事先在地面上撒些生石灰、杀虫剂对土壤进行处理，晾晒几天后再使用。接种后的耳杆，单排顺码或双排顺码起堆。耳杆堆码时堆高一般不超过 1 米，过高顶层耳杆会因发汗高温脱水造成菌种死亡；过低堆温上升慢，空气相对湿度小，影响香灰菌吃料。堆底要垫废木棒，防止耳杆直接接触地面，湿度过大，透气性差，影响底层耳杆发菌。盖薄膜后四周压平压实，要注意塑料薄膜不能直接接触耳杆，可在顶层耳木与塑料薄膜之间用树枝隔开，也可在顶层耳杆上铺一层稻草或山茅草，防止盖膜顶部冷凝水流到耳杆上。顶部用 4 厘米的竹板搭建成屋脊形或拱形，拱要高于段木 10~15 厘米。堆码耳杆上、中、下层分别内放置温湿度计，以便掌握温湿度变化情况，及时调整管理措施。

2. 发菌培养（图 2-5-4）　接种后的耳杆早期采取积极措施吸纳太阳能将堆温升至

35 ℃以上,耳农俗称"发汗"。"发汗"的目的是促进堆温上升,相对高温小环境可以促使耳杆排出部分水分,同时增加堆内空气相对湿度,利于香灰菌定植生长。发菌早期环境温度还很低,也只有中午时段太阳光稍强,依靠塑料薄膜吸热促使堆温上升至 30～35 ℃,实质上这个"高温"是"假温",仅仅是堆内顶层和空气温度,耳杆温度还很低,中下层耳杆温度远远达不到这个温度,此时不用担心高温烧菌的问题。因此,发菌早期要创造条件充分吸纳太阳能,促菌早生快发,占据穴孔优势。空气相对湿度要求 80%～90%为宜,利于香灰菌生长,发菌早期仅仅是接种穴的菌种呼吸,不用强调过多换气。光照条件是全光照即可。

图 2-5-4　发菌培养

1)翻堆(图 2-5-5)　一般翻堆都在晴天进行。第一次翻堆要根据天气情况而定,如果晴天较多,发菌 15～20 天开始第一次翻堆,如果遇到持续阴雨天气,可适当延长翻堆时间。也可以视耳杆含水量情况而定,含水量过低的耳杆要提早翻堆,10 天左右进行翻堆,防止过干引起香灰菌死亡。以后每隔 7～10 天翻堆一次。中后期 6～7 天翻堆一次,翻堆时应小心轻放,防止碰伤树皮,碰掉接种块。

银耳

生产能手谈经

图2-5-5　翻堆

　　翻堆要做到下面翻到上面,两边的翻到中间,上、下、内、外互相调换位置,使每根段木都得到相似的环境条件,使耳杆发菌均匀。如果长时间不翻堆会造成顶层耳杆一直被太阳直晒、干热引起红丝菌危害,底层耳杆湿度过大会造成过早出耳。

　　2)水分管理　翻堆时要根据耳杆失水情况进行适当喷水,当堆内湿度过大时要排湿;若湿度不足,要适当喷水,塑料薄膜内有凝聚水珠,是湿度适宜的表现。喷水方法是一边翻堆一边喷雾状水。喷水时可同时喷施少量杀菌剂和杀虫剂,对耳杆表面进行杀菌、杀虫处理。翻堆完毕后要将耳杆通风半小时,让其表面看不见明水时再进行盖膜压实,继续进行发菌管理。发菌前期不要喷水,让菌丝深入木质部。第二至第三次翻堆时,段木过于干燥时,才可适当喷水,每次喷水后,要在段木表面水分风干后再覆盖塑料薄膜。需水量是由少到多,喷水的时间、多少要灵活掌握,它关系到发菌的成败,因此要引起重视。

　　3)温度和通气管理　在发菌中后期,随着气温回升,堆温会长时间处于高温时段,这时菌丝已经吃入耳木中,大量菌丝呼吸会产生热量,呼出更多的二氧化碳,此时每天要适当通风换气,翻堆时根据堆内湿度情况可适当喷水。发菌中后期,温度保持22~26℃,不可超过28℃。若堆温过低,温度不够时要升温,利用阳光提高堆温。若堆温过高,则白天加盖或加厚覆盖物,或将塑料薄膜掀开一角通风,温度过高时要降温,定期翻堆,使菌丝均匀生长。

1. 发菌场地选择。应选择新土平整地面,防止杂菌污染。

2. 发菌棚搭建。发菌棚应东西走向,底部垫高10厘米,顶层加盖薄层稻草,防止冷凝水到耳杆上导致耳杆发霉。

3. 温度。发菌棚温度应遵循先高后低原则,因前期空气温度虽高,但段木传热慢,其温度未达到25 ℃,待菌种吃料后,段木温度升高,要适当降低棚温,维持在25 ℃左右。

4. 光照。若耳杆含水量适宜时(含水量37%),发菌棚不需要遮阴;若耳杆含水量较低,不要太强光照,需要遮阴养菌,即在棚上方1米处加遮阳网。

5. 湿度。边翻堆边喷水,待耳杆没有明水再盖膜。若耳杆含水量适宜,翻堆时喷水量先轻后重;若耳杆含水量低,则适当加大喷水量。

6. 通风。前期禁风,30天以后开始适当通风,在底部和棚顶部各开10厘米通风口,每天中午通风半小时左右。

7. 翻堆。耳杆要上下、南北端调换位置,每次翻堆堆高降低20厘米。翻堆频率要先稀后稠,主要以发菌期棚内有效积温为参考,夜晚温度稳定在8 ℃以上,则接种后20天可翻堆,反之,则延迟翻堆。菌种成活率高,20天可以进行二次翻堆。若耳杆含水量低,则10天可翻堆。

(五)起架及出耳管理

1. 搭架排杆　在发菌后期,如果堆内湿度过大会引起耳杆过早现耳芽,这是银耳接种穴附近菌种已经达到生理成熟,遇到合适的温度、湿度即开始出耳。此时要采取措施防止早出耳。要创造条件让香灰菌和银耳向耳木纵深发展,发菌透杆。耳杆发菌质量好才能保证后期出耳高产。可以在中午高温时段将堆两端塑料薄膜掀起来,适当通风,降低空气相对湿度的办法控制其过早出耳,也可将耳杆移入出耳棚内"人"字形站立或顺码不盖膜方式人为降低空气相对湿度,继续养菌10天左右,菌丝继续吃料。要注意处理好通风与保湿关系,防止耳杆过于干燥,当10%耳杆出现耳芽时进行排杆出耳管理。先选一根较为端正的耳杆作横杆,再将其余耳杆竖直与地面成约80°角,斜靠在横放的耳杆上排放。每根耳杆之间保持3~5厘米的距离,第一排耳杆排列完毕之后,相距8~10厘米,再排列第二排耳杆,直至将所有耳杆排列完毕(图2-5-6)。

图2-5-6 两厢"人"字形起架

2. 出耳管理 出耳期的管理主要是水分、湿度、通气、光照的调节。

1)水分调节 进棚的段木较干燥,要用干净的山泉水或井水喷在段木上,以增加含水量,并相应地提高棚内空气相对湿度。这期间应保持空气相对湿度达到90%,耳木、树皮内含水量应达到38%～50%。喷水次数的多少以及量的大小,要根据气候、段木、耳芽等情况灵活掌握,一般保持地面见湿不渍水,以地面蒸发水分保持棚内空气相对湿度。一般晴天及较干燥的耳棚,每天下午应喷水1次,以雾状水喷洒棚顶、四周及地面;阴天或阴湿的耳棚,要根据水分蒸发的快慢,确定喷水的次数和喷水量,最好用喷雾器对空中喷雾状水,不宜直接往耳杆喷水。一般掌握在傍晚喷水,夜晚促进银耳生长,白天适当控制水分促其养菌。总之,管理中要使耳杆干干湿湿交替。"湿"是为了长出肥美饱绽的耳片,"干"是为了菌丝进一步向纵深发展,扩大吸收营养的范围,以利高产。如果水喷得过多易黑杆,朵小,烂耳。

2)温度调节 出耳期间温度要控制在25～28℃。出耳管理前期,在5月底至6月初,温度不是太高,遮阴物不宜太厚,要让一些阳光从缝隙射进耳棚以增加温度。当遇反常天气,气温降到20℃以下,逐步减少遮阴物,增强光照,提高耳棚内的温度,促使子实体的生长。银耳出耳中后期的6～7月,是一年中气温较高的季节,耳棚内温度可达35～36℃,此时应注意降温。主要方法是棚顶加厚遮阴物,早晚注意通风。若长时间干旱、高温反常的情况下,水源好的地方,可对荫棚和塑料棚直接用高压喷水设备反复多次大量喷水;在棚内可对空喷射,切忌直接喷在耳杆上。同时向棚内四周膜上、地面上多次喷水,降温保湿,棚内温度要尽量控制在30℃以下。否则,对银耳生长不利。

3)通风换气 银耳是好氧性真菌,通风不良会造成高温高湿,银耳展片差、滋生木霉杂菌等危害。出耳管理中要加强通风管理。棚顶开天窗换气,每天换气不少于2次,每次通风不少于30分。低温天气,可在中午时段适当通风,高温天气,可在早晚通风,中午闭棚管理,防止高温干热风吹干银耳耳片,影响银耳色泽。

4)光照管理 子实体分化和发育,需要一定的散射光和充足的氧气。一般认为"七分阴,三分阳,花花太阳照耳棚"即是银耳生长最适宜的光照条件。出耳期耳棚内不能光线过暗,阴暗潮湿环境易于滋生霉菌,保持光照度在 100 勒为宜。

生产中温度、光照、通气和水分管理是相互协调、相互影响的,要处理好这几个因素的关系,确保银耳高产、优质。

出耳期管理主要是温、光、湿、气的综合调节,以满足银耳的生长,但种植者要根据当地气候条件、耳杆发菌情况、出耳棚设施条件综合因素因地制宜,灵活掌握,下面将具体情况介绍如下:

温度管理。适宜长耳温度是 25~28 ℃,如遇高温天气,要通过增加天网、棚顶开天窗、棚顶喷淋、棚内地面喷水、棚壁喷水等方式进行降温;低温天气,应减少遮阴物,中午在棚底部及顶部各开 10 厘米通风口通风换气增温。

湿度管理。正常情况下,2~3 天喷一次雾状水,棚内空气相对湿度维持在 75%~95%。若湿度过大,喷水过重,虽然耳杆上长出的耳片是白色,但干制后,银耳颜色较深。喷水主要遵循以下原则:耳杆上半部分多喷,下部少喷;大朵耳多喷,小朵耳少喷;进伏天前下午喷水,进伏天后夜晚喷水;阴雨天依据湿度,少喷或是不喷水。

通风换气管理。要根据实际情况,灵活掌握通风,耳片小时,通风量小;耳片大时,通风量大。温度适宜,早、晚在棚底部及顶部各开 10 厘米通风口进行通风换气;高温天气,棚顶全天开天窗换气;低温天气,在中午温度较高时,在棚底部及顶部各开 10 厘米通风口进行通风换气。无论哪种方式通风,都要避免风穿堂而过。良好的通风换气可使银耳湿润正常生长,保证银耳质量和产量。

例如:当地有一种植户,因大风天气没能及时压实四周棚膜,一夜之间,洁白湿润的耳芽被风干,变成焦黄色,不能继续生长,只能提前采收,导致减产。

光照管理。银耳生长需要一定的散射光,起架时,可以适当增加棚内光照度,随着耳片增多,光照度要逐渐降低,保持在 100 勒左右。若棚内太黑,光照不足,后期耳片不长。

银耳

生产能手谈经

六、段木银耳的采收、加工与储藏

　　银耳采收、加工与储藏，对银耳的产量、品质和商品性状都有很大影响，不可轻视。

（一）采收

1. 银耳成熟的特征　适宜的条件下，新长出耳基经过 7~10 天生长，达七八成熟，耳片完全展开，呈白色半透明，手感柔软而有弹性，并且耳片变干时，说明银耳已经成熟，不论朵大、朵小都应及时采收。

2. 采收要求　采耳最好选在晴天。采收前停水 12 天，待耳片失水干爽后手扒采收。一般每隔 5~6 天采耳一次。子实体采收后，将耳杆上下掉转，重新排好。采收时尽量不要将遭受病害、虫害的耳杆放在耳棚内，防止杂菌侵染面积扩大。若接种穴的耳基生长不良，可用利刀将接种穴残留耳基刮去一层，让下部的菌丝生长出来，以促进新耳基的萌发。若有烂耳发生，应及时将烂耳刮除干净。

（二）加工

将采收的新鲜银耳，除去杂质，剪去发黑、发黄的蒂头或耳脚，在清凉干净的水中淘洗（有的认为采收后的银耳通过清水淘洗，会使胶质外溢，耳片变薄，晒烘干后，产量会降低，因此也有免去了洗涤这一步骤）干净，沥去水，然后按耳片大小分级，干制。干制的方法主要有 2 种：一种是晒干法（图 2-6-1），即在天气晴朗、光照充足时，将鲜耳薄薄地摊放在架离地面的晒席或竹帘上，在烈日下晾晒 1~2 天即可晒干，含水量不能超过13%。在耳片未干以前，不宜多翻动，以免耳片破碎，影响质量。另一种方法是烘干法，采用烘房或专用烘干设备（图 2-6-2）加工时，要注意操作程序，注意通风排湿，确保烘烤质量。

鲜耳的摆放应耳基朝下，耳片朝上，并且不能重叠摆放。烘烤时，鲜耳不能翻动，只能将烘笆上下调换。烘烤时，开始应将温度尽快升到 60 ℃，当耳片接近干时，温度逐步降到 40 ℃，以防温度过高，把耳片烤焦。商品银耳应具有色白（或微黄）、空松、干燥、无杂质、无霉烂、无耳脚等特点。

图 2-6-1　银耳晒干

图 2-6-2　烘干设备

（三）储藏

干制好的银耳变得硬脆,容易吸湿回潮,应当妥善储藏,防止变质或被害虫蛀食造成损失。储藏多使用无毒的双层聚乙烯塑料袋包装密封,外加硬质纸箱保护层,存放在干燥、通风、洁净的库房里(图 2-6-3)。

图 2-6-3　干品储藏

（四）包装与运输

1.**包装要求**　盛银耳的包装袋,必须编织紧密、坚固、洁净、干燥,无破洞、无异味、无毒性。凡装过农药、化肥、化学制品和其他有害物质的包装袋,都不能用于包装银耳。包装袋上应缝上布条标签,内放标签,标明品名、重量、产地、封装检验人员姓名或代号,并印上防潮标记。

2.**运输**　银耳在运输过程中,要注意防暴晒,防潮湿,防雨淋。用敞篷车船运载银耳时,要加盖防雨布。严禁与有毒物品混装,严禁用含残毒、有污染的运输工具运载银耳。

下篇
专家点评

　　银耳种植能手所讲的都是他们在银耳生产实践中摸爬滚打多年总结的宝贵经验，能够拿出来与大家分享，难能可贵。这些经验，对银耳生产作用明显，由于他们所处环境的特殊性，也存在着一定的片面性。为确保广大读者开卷有益，请看行业专家解读能手们所谈之经的应用方法和应用范围。

银耳

生产能手谈经

　　龚凤萍,副研究员。现任信阳市农业科学院作物栽培技术研究所所长。主要从事平菇、香菇、银耳标准化高产高效栽培技术研究,先后参与省、市级以上科技攻关项目 10 余项,先后获市厅级科技成果奖一等奖 4 项、二等奖 2 项,获农业部登记品种证书 4 个,在省级以上刊物发表论文 20 余篇,参与制定河南省地方标准 3 项。2015 年被评为信阳市优秀青年科技专家。在信阳市开展食用菌新品种、新技术研究与示范推广工作。

　　段亚魁,现任河南省农业科学院植物营养与资源环境研究所助理研究员,河南省现代农业产业技术体系食用菌产业技术创新团队成员。主要从事食用菌工厂化生产新技术研发示范与推广。在省级以上刊物发表论文 10 余篇,获得河南省科技进步二等奖 1 项、三等奖 1 项,省农科系统成果奖一等奖 2 项,河南省农牧渔业丰收奖二等奖 1 项;参与制定河南省地方标准 4 项,获得工厂化生产设备相关实用新型专利 1 项,品种登记 4 项。在河南省指导建设食用菌示范基地 10 余个。

　　竹玮,助理研究员。信阳市青年科技专家,2011 年参加工作以来一直从事食用菌学科的科研、生产和示范推广工作,先后获得市厅级科技成果奖 2 项,在国家级、省级核心刊物上发表论文 22 篇,参与制定河南省地方标准 3 项,获得专利 1 项,品种登记 1 项,在信阳市指导建设各类食用菌示范基地 21 个。

　　段庆虎,助理研究员。河南省食用菌行业青年杰出人才,2013 年参加工作以来一直从事食用菌科研、生产及示范推广工作,获得省农科系统成果奖二等奖 1 项,在国家级、省级核心刊物上发表论文 20 余篇,参与制定河南省地方标准 3 项,获得专利 2 项,品种登记 4 项,在信阳市指导建设各类食用菌示范基地 10 余个。

在银耳整个生产过程中,生产管理用水和环境空气质量的好坏,同样会影响银耳子实体的健康生长和产品的质量安全。

为了获得银耳高产，必须要有满足银耳生长发育所需环境条件的生产场地。生产场地的好坏，是直接关系到银耳产量高低和品质优劣的重要因素。那些周围环境清洁，保温、保湿性能好，便于排水的大块平地、山坡地、林地、房前屋后等场所，均可用作银耳生产场地。

（一）段木银耳场地选择

段木银耳的栽培场地包括发菌场地和出耳场地，不同场地需要满足不同条件。

①发菌场地要求背风向阳、空气清新、靠近水源、地面有少量沙砾的缓坡地为宜。

②出耳场地选择要求做到"三要三不要"，即要阳坡不要阴坡；要土坡不要石坡；要低坡不要高坡。

③选择给排水方便，环境干净的山谷、林间、溪旁、池畔。要求地势平坦，水源充足，气候温和湿润，七分阴、三分阳的环境。阴山应择阳处，热地应择阴处，寒地应择阳坡。早晨和黄昏有阳光透射，中午光线弱的地段。坡向以南坡、东坡、东南坡为佳，在山腰、山谷有一定平坦面积的阔叶林地，坡度10°～30°，不宜太陡，林间郁闭度为0.7～0.8。林下长有苔藓、蕨类、禾本科和莎草科小草的地方为首选。

（二）代料银耳栽培场地选择

①场地周围环境清洁，地势平坦，利于建设厂房或大棚，环境卫生，空气清新，远离畜禽圈舍、饲料仓库、生活垃圾堆放、填埋场等区域，避开热电厂、造纸厂、水泥厂、石料场等工矿"三废"排放污染源。

②工厂化生产特别要注意交通方便，邻近大中型贸易市场，利于原料和产品运输及销售。

③无公害栽培场地的生态环境，应符合我国农业行业标准 NY/T 5010—2016《无公害农产品　种植业产地环境条件》的要求。生产过程中要重点监测水源、土壤的质量。银耳生产用水各项监测指标应符合 GB 5749—2006 的要求（GB 5749—2022 正式实施后，以新国标为准），不得随意加入药剂、肥料或成分不明的物质。水源水质各种污染物含量不得超过表 3-1-1 中的指标。

表 3-1-1　银耳栽培使用水质基本指标要求

序号	项目	指标值
1	pH	6.5～8.5
2	总汞/（毫克/升）	≤0.001
3	总镉/（毫克/升）	≤0.005
4	总砷/（毫克/升）	≤0.01
5	总铅/（毫克/升）	≤0.01
6	铬（六价）/（毫克/升）	≤0.05

银耳

生产能手谈经

行家说耳

二、银耳栽培配套设施的利用

　　银耳生产,从华东的福建到华中的河南,栽培范围十分广泛。广大的银耳生产者要根据当地气候特点和资源优势,因地制宜设计建造各具特色的配套栽培设施,并通过科学有效的管理模式和方法,为银耳栽培的成功提供物质保障。

能手谈到的段木银耳发菌出耳大棚主要存在于四川通江和河南信阳浉河区等地山区,由耳农自行就地取材、自行搭建而成,这种设施结构简单、成本投入低、因地势而建、管理人员操作方便。但是这样的设施空间环境控制效果差、抵御极端天气能力差、不可大规模复制。生产中,适宜银耳正常生长发育的场地多种多样,国内常见的还有工厂化栽培专用耳房、泡沫板耳棚、高标准控温耳房、砖瓦连体耳房、半地下式简易耳房、竹木结构简易耳棚、露地简易小拱棚等,还有具有较好通风换气条件的地下室、人防工事、山洞等。生产者完全可以根据自身的经济基础,现有的设施条件及生产规模等灵活掌握,选择适宜的生产模式进行银耳栽培。

(一)较常见的栽培设施

1. **工厂化栽培专用耳房** 银耳工厂化栽培专用耳房,内设多层床架,具有控温、控湿、通风换气、光照调节等多种环境因子调控功能,如图3-2-1所示。

图3-2-1 工厂化栽培专用耳房

2. **泡沫板耳棚** 泡沫板耳棚是由钢骨架、泡沫板、塑料薄膜构建而成的,内设床架,可人工控温栽培,也可根据自然条件进行栽培,应用较为广泛,如图3-2-2所示。

图3-2-2 泡沫板耳棚

3. 高标准控温耳房　高标准控温耳房是根据银耳生长发育特性建造的专用设施化栽培耳房,内设床架。配备制冷和加温设备,可完全靠人工控制温度、湿度、光照空气等环境因子,如图3-2-3。

图 3-2-3　高标准控温耳房

4. 砖瓦结构耳房　砖瓦结构耳房是一种结构较为简单,在自然季节使用的栽培设施,这类设施在长江以南,温度相对较高的地区较为常见,北方地区也有使用,如图3-2-4 所示。

图 3-2-4　砖瓦结构耳房

5. 半地下式简易耳房　半地下式简易耳房也是一种结构简单的栽培设施,在华中较为常见,如图3-2-5所示。

图3-2-5　半地下式简易耳房

6. 竹木结构简易耳棚　竹木结构简易耳棚简单易建,投资少,由竹木棚架、塑料薄膜、遮阴层构成,适合江南地区栽培使用,如图3-2-6、图3-2-7所示。

图3-2-6　竹木结构简易耳棚外观

图 3-2-7　竹木结构简易耳棚内部

7. 露地简易小拱棚　露地简易小拱棚就是选择平坦的空闲地,用竹片起拱,盖塑料薄膜和遮阳网建成,如图 3-2-8 所示。

图 3-2-8　露地简易小拱棚

诚告家行

以上介绍的几种栽培设施,仅仅是根据对各地的使用较多的一些类型进行简单的总结,推荐给大家。不论选用何种设施,都不能生搬硬套。灵活运用银耳的生物学特性,创造性地设计出适宜自身综合条件的栽培设施,才能更好地进行银耳生产。

银耳 生产能手谈经

(二)栽培设施的建造

1. 栽培设施的建造 需要根据所处的生态环境、自身的经济基础、现有的设施条件及实际生产规模等因素灵活掌握,选择适宜的材料,建造适宜的形态、结构、功能的生产设施,用于银耳的生产。

1)银耳发菌室的建造标准 作为无公害银耳菌棒培养室,其环境质量要求前面提到的满足场地环境要求,应选择在无污染和生态良好的地区。要求室内面积 32~36 米²,墙壁刷防水材料;门窗方向相对利于空气流通,安装防虫网,设置排气口,安装排气扇。室内卫生、干燥、防潮、空气相对湿度低于70%,遮阴避光,控制温度 23~28 ℃,通风良好,空气新鲜。能对发菌场所实施密封处理,并选用无公害的次氯酸钙药剂消毒或使用紫外线灯照射、电子臭氧灭菌器等物理消毒。

我国农村庭院栽培银耳的发菌场所,多利用现有住房。为了确保发菌成功,要求设有门窗、清洁卫生的一层以上房间为好。这样的房间比较干燥,空气较好。如果采用地面平房发菌,应选择铺有地砖的为好。为了提高发菌室利用率,室内设多层培养架,便于排放菌袋。地面较低、潮湿、靠近酿造发酵处的住房切不可使用,以免造成病原微生物传播污染。利用现有房间必须进行对向开窗和屋顶开孔改造,便于空气流通,利于通风换气。

2)耳房的建造标准 银耳的出耳场地即银耳菌棒转入子实体生长发育的场所,常称为栽培房、耳房,野外简易搭建的称为耳棚。无论何种形式的耳房,都要具备保温、保湿、遮光、通风等条件。耳房选址要求满足前面所提场地选择标准。

作为工厂化、集约化生产的厂(场)和专业栽培大户,其耳房要求在 5 千米以内无工矿企业污染源;3 千米以内无生活垃圾堆放和填埋物、工业固体废弃物、危险废弃物堆放和填埋物。同时,应配备设备以调控适合银耳生产的温、湿、光、氧的设施条件。地面土壤中无农药残留以及重金属元素。宜选靠近水源,四周开阔,环境清洁,通风良好,光照适度山边的地方。

耳房采用土木结构或砌砖混凝土结构。四周和屋顶采用膨胀泡沫和塑料薄膜罩住以利保温保湿,屋顶设排气窗,安装换气扇,也可按照工厂化生产培养房设置进风道和排风道。耳房大小视场地而定,通常为 9 米×4 米×4 米(长×宽×高),内搭 11~13 层架床,1次可栽培2 800~3 200袋;12米×4.2米×4.3米(长×宽×高),内搭17~18层培养架,1次可栽培5 500袋。耳房宽向两端设有能关闭的2个门和4个通风窗;双向通风对流,窗户安装玻璃利于采光。屋顶半圆形或"八"字形,以利于蒸腾水分顺势下流到地面,避免流到顶层银耳菌棒上引起霉烂。屋内地面事先用立砖砌成外径宽36厘米、高24厘米的通烟道,水泥抹面。房外开好燃烧口和炉膛,炉口宽26~28厘米,炉膛80~100厘米,便于冬季栽培时在房外燃烧,热气进房,提高房内温度。

3)室内层架的建造标准 耳房内设排放菌袋的多层培养架。一般4米×4米(宽×高)的耳房,采用双列排架,床宽1米,排放2袋,11~13层的层距25~30厘米。4.2米×4.3米(宽×高)的耳房,18层的层距22厘米。架床用竹片铺放,间距35厘米。耳房中间通道1.8~2.0米,便于作业。采取3列排架的,其中间架宽1米排放2袋,两边各1架宽50厘米排放1袋;房内开2条作业道各宽1米。耳房培养架、通道如图3-2-9所示。

图3-2-9 耳房培养架、通道

2.利用自然温度栽培银耳简易棚建造标准 中南部暖温带地区气候适宜银耳生长,可在室外搭建竹木结构简易棚,在春、秋两季或高海拔山区的夏季基本上可以满足银耳的子实体生长发育。这种棚采用竹木条做骨架,四周和棚顶用塑料膜罩盖,形成塑料大棚式。然后加盖10厘米厚的茅草、树枝叶遮阴,成为简易耳棚。棚长15~20米,宽4米,高4米,内设7~8层排袋架,1个棚1次可排放栽培袋3 000袋。室外搭建的简易棚空气新鲜,自然环境条件好,尤其是夏栽银耳展片好,色白,品质优;建棚就地取材投入成本低廉,因此在山区较为普遍。

我国北方地区因气候寒冷、风大,可以采用日光温室栽培。日光温室与一般蔬菜棚相比除了在棚膜下遮光外,其他基本相同。它是根据银耳生产过程所需的温、湿、光生态条件,同时又考虑北方寒冬气温低,雪、风负载等诸因素,进行科学设计的。

银耳 生产能手谈经

建造栽培设施时,更应该根据自身的地理位置和环境条件,适当地放大或缩小设施的占地面积,以便更好地利用土地资源,建造适宜的菇房设施。

(三)银耳生产机械设备选型与应用

随着食用菌产业迅速发展,对食用菌生产机械设备需求日渐增加,这样食用菌机械设备生产企业也应运而生,机械由仿照其他产业到食用菌产业自有,特别是随着食用菌产业的规模化发展和人力工资水平的上涨,食用菌机械化越来越受到产业界的重视。将食用菌生产过程中最繁重的劳动阶段、用工最多的阶段、技术含量最多的阶段、最容易出问题的阶段,以及影响产品达标的阶段,即菌种生产阶段、制棒阶段、控温控湿阶段和产后加工阶段采用先进的自动化机械设备来实现机械化拌料、装袋、灭菌、接种、控温控湿培养以及加工,从而实现"菌业发展标准化、生产流程自动化"的目标。食用菌的机械化是我国食用菌产业发展的必然方向,其趋势正像农业上实施的联合收割机收割小麦和玉米以及大田除草剂一样不可逆转。目前真正意义上的食用菌机械化配套设备还需要完善和改进,尤其是工厂化设备更是需要快速发展和提高,生产出适合中国食用菌国情的更多机械化设备。

1. 原材料加工设备　目前栽培银耳的主要原材料是棉籽壳和麦麸,这些原材料由专业厂家生产,栽培者直接购买即可。少量使用玉米芯的购置一台秸秆粉碎机即可,市售机型较多。

生产银耳菌种需要木屑颗粒直径小于3毫米,一般由专业木屑厂家供应,菌种生产和银耳栽培者直接购买即可。

2. 原料搅拌设备　农户拌料选用自走式拌料机(图3-2-10)即可。该机以开堆、搅拌器、惯性轮、走轮、变速箱组成,配用2.2千瓦电机及漏电保护器,生产效率5 000千克/小时。体积100厘米×90厘米×90厘米(长×宽×高),占地面积2米²,自身重量120千克,是目前培养料搅拌机体积小、产量高、实用性强的新型设备。基地栽培银耳通常采用大型液压翻斗式拌料机(图3-2-11),自动上料、自动搅拌、自动卸料,解决了拌料劳动强度大、拌料不均匀的难题。

图 3-2-10　自走式拌料机

图 3-2-11　大型液压翻斗式拌料机

　　3. 食用菌废菌棒脱膜粉碎分离机　代料银耳生产产生的污染棒、死穴棒以及废菌棒,这些棒还有一定的营养,可作为再种银耳或其他食用菌的部分原料使用,采用废菌棒脱膜粉碎分离机(图 3-2-12)大大提高了人工剥袋的工作效率。该机每小时可剥银耳废菌棒 600~1 000 个,使废菌渣得到再利用。

图 3-2-12 废菌棒脱膜粉碎分离机

4.装袋设备 目前市场上所售装袋机,大致分为冲压式和螺旋式两大类装袋机,根据使用实践各有其优缺点。其中冲压式装袋机(图3-2-13)装袋快而稳定,由于是机械推动,人随机器动,可保证固定的产量;装袋规格标准且密实,袋之间差异极小,适宜规模化制袋生产要求。缺点是对原料有苛刻的要求,原料颗粒稍大或预湿不好就将袋子冲破,形成大孔;菌棒扎口仍采用人工扎口,导致菌袋用工多,成本增加,一个装袋机后面配五六个人扎口与用小型装袋机区别不大。

图 3-2-13 冲压式装袋机

螺旋式装袋机(图3-2-14)所装料袋微孔较少,没有大孔,但装袋数量不稳定,由于是人工操控机器,加料、套袋、出袋都由人控制,导致产量没保证,装袋不标准,菌袋长度、虚实度参差不齐,菌袋商品性略差。根据银耳装袋的特点,使用螺旋式装袋机比较合适。常用的有福建、浙江产12~15厘米的装袋机。这种装袋机配用0.75千瓦的单相电机,生产能力800~1 000棒/(台·时),可装折幅为12~15厘米的银耳棒。

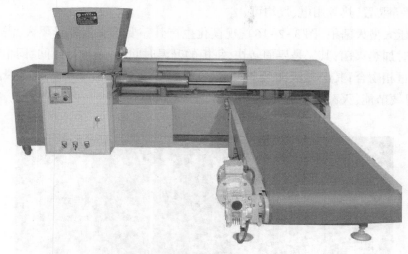

图3-2-14 螺旋式装袋机

5.灭菌设备 灭菌设备包括高压灭菌锅(图3-2-15)和常压灭菌锅,主要用于培养基灭菌,起到杀灭杂菌、熟化基质的效果。

图3-2-15 高压灭菌锅

下篇 专家点评

高压灭菌锅用于菌种和培养基的灭菌,常用的有手提式、立式和卧式高压灭菌锅。试管母种培养基由于制作量不大,适合用手提式高压灭菌锅。其消毒筒内径为28厘米、深28厘米,容积18升,蒸汽压强在0.103兆帕(1千克/厘米²)时,蒸汽温度可达121℃。原种和栽培种数量多,宜选用立式或卧式高压灭菌锅。其规格分为1次可容纳750毫升菌种瓶100个、200个、260个、330个不等。除安装压力表、放气阀外,还有进水管、排水管等装置,热源用电、气均可。

微高压大型灭菌柜(图3-2-16),规模化生产其一要求灭菌容器要大,需容纳当天所装袋及时加热灭菌;其二是要周转快,每柜的升温时间、杀菌维持时间、闷柜时间要求与生产数量相吻合;其三是灭菌均匀彻底,灭菌质量要高于一家一户小锅炉的灭菌质量;其四是要节能,灭菌柜容量大,非常有利于节省燃料;其五是要节省人工,减少人工搬动袋子。

图3-2-16　微高压大型灭菌柜

6.接种设备　目前大面积栽培接种普遍采用人工接种,也有自动化接种机(图3-2-17)可选用。接种设备主要有:无菌净化间(图3-2-18)、超净工作台(图3-2-19)、接种箱(图3-2-20)、接种帐等。接种工具包括接种勺、接种枪、接种针、刀片、酒精灯等,如图3-2-21所示。

图3-2-17　自动化接种机

图 3-2-18　无菌净化间

图 3-2-19　超净工作台

图 3-2-20　接种箱

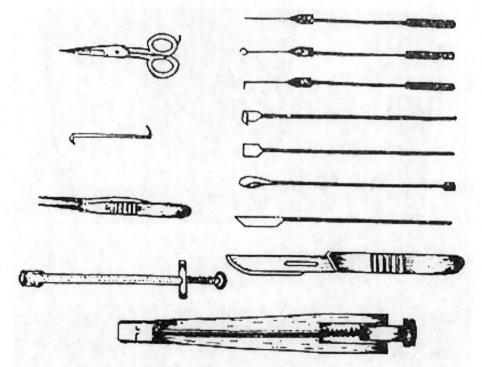

图 3-2-21　接种工具

接种时,也有其他小型设备可用以辅助。包括:移动空调机,用于降低接种帐或接种室的小环境温度和清洁空气,可明显地提高接种成功率;层流罩,广泛应用于需要局部净化的区域;臭氧机,利用雷击放电产生臭氧之原理,以空气为原料,释放高浓度臭氧,在一定浓度下,可迅速杀灭水中及空气中的各种有害细菌,没有任何有毒残留,不会形成二次污染。

7. 菌棒培养设备 主要有空调、制冷机组、风扇、风道和超声波加湿器等。根据银耳在不同时期需要的温、湿、光、气,按照设备的说明书使用。

8. 食用菌专用杀虫灯(图 3-2-22) 食用菌专用杀虫灯采用仿生原理将喜好特殊紫外线波段的菇蚊、菇蝇等害虫吸引过来,再利用高压放电将其杀死。

图 3-2-22 食用菌专用杀虫灯

9. 脱水烘干设备 目前较为理想的是新型单体和连体节能环保烘干箱。其结构简单,热交换器安装于中间,两旁设置 2 个或多个干燥箱,箱内各安置 13 层竹制烘干筛。箱底两旁设热风口。机内设 3 层保温,中间双重隔层,使产品烘干不焦。箱顶设排气窗,使气流在箱内流畅,强制通风脱水干燥,配有三相(380V)动力供用户自选。能源电、气均可。鲜耳进房一般 10~12 小时干燥,2 个干燥箱的台/次可加工鲜耳 250~300千克。其外观与内部结构如图 3-2-23、图 3-2-24 所示。

图 3-2-23 新型节能环保烘干箱外观

图 3-2-24　新型节能环保烘干箱内部结构

银耳

生产能手谈经

三、银耳的栽培季节

下篇 专家点评

不同的地域,不同的季节,环境条件千差万别,银耳作为一个有生命的物体,对环境条件有着特殊的要求。选择环境条件适宜其生产发育的季节进行生产,是获得生产利润最大化的前提。

银耳属于中温菌，其生长需要满足恒定的中高温的苛刻条件限制了其在全国多数地区、一年中的多数季节进行栽培，但反过来也给银耳的工厂化控温栽培提供了机遇。自然栽培季节，一般安排在春、秋两季，尤以春栽为普遍。棉籽壳棒栽银耳是在室内栽培，除我国南方一些地区可以完全依靠自然气温外，其他地区均需配合人为地在发菌阶段或出耳阶段补充控制或调节环境条件，以满足其菌丝生长适宜温度 22~26 ℃（低于 18 ℃或高于 28 ℃生长不良），子实体生长适宜温度 23~25 ℃的要求，才能栽培成功，取得高产。有加温条件的，冬季也可栽培，高温季节在高海拔山区也可进行栽培，若有控温、控湿、调气设备实际上就是工厂化栽培，则一年四季均可栽培。按照这个温度标准，春栽应选择当地日最低气温稳定在 12 ℃以上时进行；秋栽应选择当地日最高气温稳定在 28 ℃以下时进行，因地制宜地安排栽培季节。具体划分如下：

长江以南适栽区：春栽 3~4 月，秋栽 9~11 月。低海拔地区，冬季无 0 ℃以下寒流，则春、秋、冬季均适宜栽培；高海拔山区，夏季气温不超过 28 ℃，春、夏、秋季均可栽培。

长江以北，淮河以南适栽区：春栽 4~6 月，秋栽 9~10 月。东北、西北高寒地区春季解冻，气温回升后，以 4~6 月较适宜，秋季 8 月中旬至 9 月。近年来南方各省、自治区采取冬季火炕升温，夏季荫棚地栽降温，人为创造适宜银耳生长的生态条件，形成周年生产。为了便于耳农掌握栽培季节，这里将周年季节栽培按温区列表，如表 3-3-1：

表 3-3-1　银耳栽培季节表

温区与海拔	栽培季节	接种月份	技术措施
低温区 （700 米以上）	春、夏、秋	4、5、6、7、8、9、10	早春加温发菌，不低于 23 ℃，长耳不低于 18 ℃，发菌期注意防有害气体
中低温区 （400~700 米）	春、夏、秋、冬	3、4、5、9、10、11	冬、春季加温发菌长耳，夏季疏袋散热降温或野外荫棚地栽
中高温区 （300~400 米）	春、夏、秋	2、3、9、10、11	春、秋季自然气温不低于 25 ℃，秋季不超过 28 ℃，冬季加温注意通风换气
高温区 （300 米以下）	春、冬	1、2、11、12	春、秋季自然气温不超过 28 ℃，冬季长耳不低于 18 ℃，冬季防寒流通风

栽培季节一方面是要根据当地的海拔、气温等环境因子综合条件进行选择；另一方面，还要考虑尽可能与当地农忙时节错开用工高峰。

行家说料

四、银耳栽培品种的选用 ------------------------ ◆

下篇 专家点评

　　银耳栽培模式多种多样,不同的栽培模式必须选择
相应的栽培品种,才能获得较高的效益。

（一）代料栽培品种

我国现有银耳栽培品种较多，适于代料栽培的栽培品种主要包括：

1. 沪耳 05　朵大形美，展片均匀，色白，接种后 15 天出耳，产量稳定。上海农业科学院食用菌研究所菌种厂选育。

2. TR20　朵中大，片厚，呈花形，色白，15 天出耳，适应性强，产量高。三明真菌研究所选育。

3. TR01　耳片舒展，宽大肥厚，朵形大，较高、色白，15 天左右出耳，每千克干料产干耳 120~160 克。湖南农业大学食用菌研究所选育。

4. 川江银耳　菊花形，朵大，片粗，肥厚，色白，出耳快，产量高。四川省农业科学院食用菌开发中心选育。

5. TR29　朵大形美，色泽白，基小，15 天出耳，产量稳定。福建省古田县日新食用菌研究所选育。

6. 华耳 97　牡丹花形，朵大，黄白色，抗杂力强，适应性广，高产。华中农业大学菌种实验中心选育。

7. TRPP01　牡丹花形，朵大形美，产品自然白色，适于加工剪花雪耳。福建古田县金隆食用菌研究所选育。

（二）段木栽培品种

银耳段木栽培品种主要有：

1. 川银耳 1 号　鲜银耳色泽雪白，耳片透明，干银耳色泽乳白至米黄；朵大，耳片宽大，肥厚，泡松率高，胶质（多糖、蛋白质）丰富。

2. 川银耳 2 号　菊花形，朵形较大，耳片较厚，耳基小，产量高。出耳温度 20~28 ℃，适宜温度 23~25 ℃。

（三）选种标准

代料银耳与段木银耳品种选择上有一定的差异：段木栽培银耳菌种，应选择菌龄小，继代培养次数少，生理成熟度低，白毛团旺盛，不易胶质化，菌丝能吃料较深的菌种。菌种应采用孢子萌发或耳木基质分离方法制备。香灰菌应选择爬壁能力强，羽毛状分支长，对木质素及纤维素分解能力强，易产生黑疤圈的菌种。同时银耳和香灰菌丝要相适应配对，混合菌丝要求可分解利用的树种多，有较广的适应性，生活力和抗病力强。一些地区反映代料栽培的菌种应用到段木生产，效果还不错，表现为出耳早，朵形大，但生产后劲不足，总产量不高。

银耳栽培用的菌种是由银耳菌和香灰菌分别分离优选后，再制成交合母种，经出耳试验认可后方可用于生产，未经专业培训切不可盲目自行制作银耳菌种。

银耳生产获得优良的银耳纯菌种是银耳瓶栽、袋栽和段木栽培成功的关键。我们知道银耳纯菌种不能直接利用培养基或段木中营养成分,需要有伴生菌(香灰菌)作为开路先锋才能得以生长。因此要想获得优良的银耳菌种,不仅要分离纯银耳菌丝,还要分离出优良的香灰菌种,然后进行优选后再交合成银耳菌种。银耳菌种接种成活率的高低主要取决于银耳栽培种的纯度、配合力和生活力。对于初学制种的用户来说,银耳菌种分离和提纯是较困难的。下面将详细介绍银耳菌种制作方法。

(一)菌种分离

目前,获得银耳纯菌种的方法主要有孢子弹射分离法、组织分离法、基内分离法、耳木分离法。

1.孢子弹射分离法 孢子弹射分离法有2个技术环节,方法参见图3-5-1。

1)选取种耳 在出耳盛期选择朵形大、色白、肉厚、展片好、无杂菌和病虫害感染、成熟度八九成的银耳作为种耳。在无菌室或超净工作台内将种耳用无菌水冲洗数次消毒,以除去附在种耳上的杂菌,用无菌纱布或吸水纸擦干耳片表面水分。

2)弹射孢子 在无菌处理过的种耳上取一片耳瓣,用无菌的金属类钩子勾住,移入带有培养基的三角瓶中,钩子的另一端挂在三角瓶口上,使耳瓣在三角瓶的中间,切勿触及瓶壁或瓶底部的培养基,耳瓣离瓶底3~4厘米即可,以便孢子弹射。为便于筛选,一次可以多挂几个瓶子。然后,将三角瓶置于22~25℃的条件培养2~3天,当培养基表面有雾状的孢子时即可取出三角瓶中的钩子及耳瓣,塞好棉塞继续培养。3~4天后,在培养基表面可见乳白色、半透明、略有光泽、表面黏稠、边缘光

图3-5-1 孢子弹射分离法

棉花塞
铁钩
小块种耳
弹射的孢子
培养基

滑、中间隆起的芽孢。也可将种耳片贴附在经灭菌冷却待接的瓶装木屑培养基上,让耳片孢子自然散落在基料上。孢子弹射分离法获得的是银耳芽孢种,不易萌发形成菌丝,不能用于生产栽培,只有配合香灰菌才能得以生长。

第一,用接种刀进行削、切时,每切一刀,都须将接种刀过火灭菌,或者更换新的无菌的接种刀。第二,分离块接入时须靠边缘投放,如接在平板的边缘,或试管的最前部,一般不要接在中央。

2. 组织分离法　选择生长健壮、无病害、成熟度适中的耳片,在无菌条件下用无菌水反复冲洗数次,再用无菌滤纸吸干耳片表面水分,挑取一小片耳片,置于培养基上25 ℃下培养,待耳片长出菌丝,操作方法参见图 3-5-2。该方法同孢子弹射分离法类似,仅能获得银耳纯菌丝,没有香灰菌也不能用于生产。该方法操作难度更大,操作中感染各种细菌、霉菌的概率更高,对操作人员要求也很高,除非经验很丰富,否则不易成功。

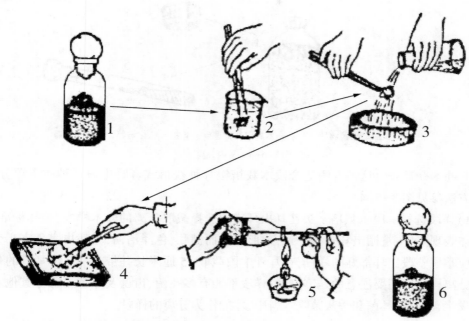

1. 出耳菌种　2. 耳中消毒　3. 冲洗　4. 吸干　5. 接种　6. 木屑母种

图 3-5-2　组织分离法

3. 基内分离法　基内分离法有 3 个技术环节,操作方法参见图 3-5-3。

1)选择种耳　除了与孢子弹射法同样严格要求外,还需注意选择无杂菌的银耳栽培瓶或袋内培养基,菌丝需发育均匀一致。选择生长健壮的种耳后还要观察基内的健康状况是否符合要求,才能获得优良的母种。

2)取基内菌丝　在无菌条件下将符合标准的种耳,用无菌解剖刀将耳基横切,取掉子实体,并在耳基中央部位挖去长宽约 1 厘米米黄色的耳基种块,用 75% 的乙醇消毒,置于 0.1% 的升汞水溶液浸泡 20~30 分,再以无菌水冲洗残留药液,用无菌纱布擦干,即可获得基内银耳菌种,它可能含有银耳芽孢和香灰菌丝。

3)培养交合母种　菌种培养在无菌条件下将分离获得菌种切成麦粒大小的粒块,分别接入斜面试管培养基中间部位,每支试管各接一块,封口后移入 23~25 ℃ 的培养箱中。培养 3~5 天,羽毛状纤毛出现在培养基上,继而变成黄色,再转为墨绿色,其表面出现浅灰色斑纹,即为香灰菌。再过大约 1 周,白毛团周围出现晶状或淡黄色水珠,继而形成碎米状原基时表明已经成功获得银耳交合母种。

银耳

生产能手谈经

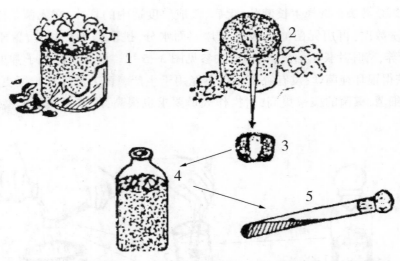

1.破瓶　2.取出菌丝块　3.剥去木屑取基下菌丝　4.接入纯化培养　5.单团选育

图 3-5-3　基内分离法

4.耳木分离法　这种方法适合段木栽培银耳种获得或者野生银耳种质资源分离,操作方法参见图 3-5-4。

1)样段选择　段木栽培于头茬耳出耳盛期选择截取分离的段木样本,选择标准是,其群体表现要好,整棚出耳整齐一致,朵形较大而健壮,色泽洁白,无病虫害危害。个体选择应掌握整段出耳都好的耳杆,在耳杆中段截取 15 厘米长并带有一穴出耳好的耳木作为分离样段。还要注意的是,分离的样段不能有多孔菌、齿菌及绿色木霉等其他木腐杂菌发生,仅有银耳菌和香灰菌吃入料中,才能作为分离的样段。

2)耳木处理　为了使分离容易成功,不至于遭受杂菌或害虫危害,选择好的耳木还必须做如下处理:一是悬挂于阴凉通风处风干;二是熏蒸,将耳木置于密封空间,加入少许杀虫剂,如对氯苯等过夜,杀死耳木中的螨虫等害虫;三是耳木表面无菌处理,先用无菌水冲洗数次,再用无菌滤纸擦干即可。

3)分离菌种　分离经过处理的耳木,用刀劈掉其表面 1 厘米厚的表层,余下木质部分备用。根据菌丝尖端优势在远离耳穴处最边缘分离段木碎片,接种于 PDA 斜面试管中培养,为确保成功,一次性可接 30~50 支试管,以备筛选。此方法可能分离到香灰菌。根据银耳菌耐干香灰菌不耐干的特性,可在上述操作时分离香灰菌,然后将木片切成火柴梗大小的木棒,放入灭过菌的试管中塞好棉塞,置于电热恒温干燥箱中 32 ℃下干燥 42 天左右,使香灰菌失去活力,再将干燥后木棒放入斜面试管中 25 ℃恒温培养,得到纯银耳菌丝。

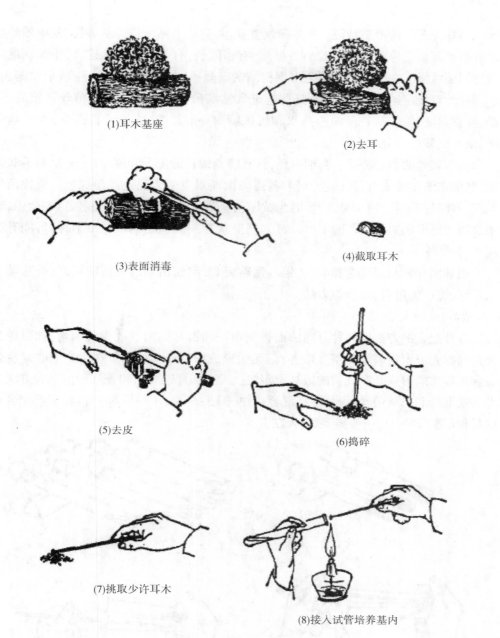

(1)耳木基座

(2)去耳

(3)表面消毒

(4)截取耳木

(5)去皮

(6)捣碎

(7)挑取少许耳木

(8)接入试管培养基内

图3-5-4　耳木分离法

　　银耳纯菌丝和香灰菌丝分离时，由于采用分离技术不同，分离效果差别很大。

　　上述几种分类方法中，前2种成功的话只能获得纯银耳芽孢或菌丝，后2种方式分离可能会因耳木质量、分离技巧、培养基种类与状态等方面的影响出现以下几种情况：可能分离物都是杂菌或者部分染杂菌造成失败；还有可能只得到纯银耳酵母状芽孢或银耳纯菌丝，要么是银耳菌或芽孢与香灰菌菌丝。因此，为了得到有生产价值的菌种，每天要勤观察分离物在培养基中生长变化动态，及时判断是否得到银耳纯菌丝、香灰菌菌丝或二者交合菌丝。单独分离的菌丝要进行优选后交合进行出耳试验，认可后方可应用于生产。

银耳纯菌丝的形态特征。气生菌丝直立、斜立或平贴于培养基表层，基内菌丝生于培养基里面。镜检菌丝直径 1.5~3 微米，有横隔膜，有明显的锁状连合，生长速度比一般食用菌缓慢。在培养基表面会出现扭结的菌丝团，并逐渐胶质化，变成小原基，长成小耳片。双核菌丝开始胶质化，是菌丝进入结实阶段的标志。双核菌丝移植后，受菌龄、发育程度、培养基表面的游离水和机械刺激等的影响，或继续长菌丝，或迅速胶质化，或变成酵母状分生孢子。

香灰菌丝的形态特征。初期白色，常有特别细长的主干和侧生的、略呈羽毛状的分支，老菌逐渐变成浅黄、浅棕色，培养基逐渐由淡褐色变为黑色或墨绿色。镜检菌丝分生孢子梗呈扫帚状，较少见，产生时为黄绿色至草绿色，近椭圆形，直径 3~5 微米，在段木表面还可形成扁平黑色的子座。已知羽毛状香灰菌丝绝不单是 1 个种，可能有 2 个属 3~4 个种。

银耳菌和香灰菌优选标准是：银耳菌略突起，继而出现白毛团的最好；香灰菌菌丝长势旺，能产生色素，爬壁能力强。

（二）母种交合

母种交合的方法经纯种分离法而得到单一的银耳纯菌丝或香灰菌丝，如果单独接种在棉籽壳或木屑等培养基上培养，是无法形成银耳子实体的。在生产上必须将两者混合培养才能形成高产优质的银耳子实体。人工培育银耳菌和香灰菌的混合方法有二者菌丝混合和香灰菌丝、银耳芽孢混合 2 种（图 3-5-5、图 3-5-6）。两种菌丝交合培养成母种（图 3-5-7），一般需要 30 天左右。

(1)香灰菌丝母种

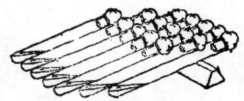

(2)银耳菌丝母种

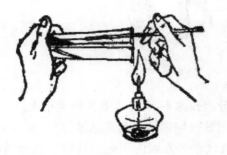

(3)取少许香灰菌丝

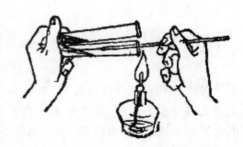

(4)接入银耳菌丝母种中

图 3-3-5　香灰菌丝、银耳菌丝混合

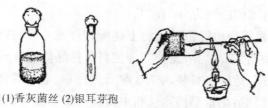

(1)香灰菌丝　(2)银耳芽孢　(3)用接种刀刮破菌丝体表面

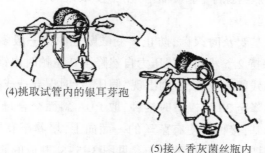

(4)挑取试管内的银耳芽孢

(5)接入香灰菌丝瓶内

图 3-5-6　香灰菌丝、银耳芽孢混合

图 3-5-7　银耳母种

香灰菌丝与银耳菌丝交合的方法有 PDA 培养基和木屑培养基 2 种,具体操作如下:

1. PDA 培养基交合　将一块带 PDA 培养基似米粒大的银耳纯菌丝,移到另一支 PDA 培养基斜面上,置 22~24 ℃ 下培养 5~7 天。待银耳菌落直径达 1 厘米以上时,在其旁边接入一小点带 PDA 培养基的香灰菌丝,在相同培养条件下继续培养 7 天左右,出现绣球状白毛团;10 天后在白毛团上方出现无色或淡黄色水珠。香灰菌丝快速生长布满整个培养基,并分泌黑色素,使 PDA 培养基底部呈黑色。这种混合菌丝体的银耳母种,1 支试管一般接 1~2 瓶原种。

2. 木屑培养基交合　先将带 PDA 培养基的花生米大小的银耳纯菌丝团接入木屑培养基中央;再用接种针挑取香灰菌丝连同培养基,以小米粒大小移接在菌种瓶的木屑培养基上,两种菌丝块紧靠一起;然后置于 22~24 ℃,空气相对湿度 70% 以下条件下培养 15 天左右。待香灰菌丝长至培养基 3~4 厘米深,瓶壁上可见黑色花纹;白毛团分泌淡黄色或浅褐色水珠时,继续培养 5 天,白毛团胶质化,出现淡黄色原基,并逐渐长出拇指大小的子实体时,即成木屑培养基母种。

(三)原种制作

1. 配方　常用的银耳原种培养基配方如下:

1)配方一　棉籽壳 85%,麦麸 13%,石膏粉 1.5%,蔗糖 0.5%。料与水比例为 1:(1.1~1.2)。

2)配方二　杂木屑 75%,麦麸 20%,石膏粉 2%,蔗糖 1.3%,硫酸镁 0.4%,黄豆粉

1%,尿素 0.3%。料与水的比例为 1：1.15。

2. 培养基制作　根据当地资源情况将上述配方任选一个,按配方比例称取所需原料加水拌匀,拌料要做到"三均匀一充分",即主料配料混合均匀,干湿料要均匀,酸碱度要均匀,料吸水要充分。然后将料装入 750 毫升菌种瓶,装料要使瓶中上下松紧一致,装至齐肩处压平料面,然后用锥形捣木从瓶中央自上而下扎一个洞,以增加瓶底培养料的透气性。装瓶后将瓶身擦净,塞紧棉塞,用牛皮纸或两层报纸包好瓶口,用橡皮筋扎紧,防止棉塞吸潮引起污染。

灭菌装料后培养基要及时灭菌,防止料变酸败。原种一般多用高压灭菌。要求在 0.15 兆帕(126 ℃)保持 2.5 小时。待压力自然降至 0 兆帕时出锅。需要注意的是在稳压前一定要排尽锅内残留冷空气,否则出现"假压"计时误导造成灭菌失败。

3. 接种　待料温降至 30 ℃ 以下时接种,取 PDA 斜面交合母种,按 1：(1~2)瓶扩大倍数接入原种培养基,接种时使有菌丝的一面向上,培养至有银耳白毛团、分泌棕色露珠,并产生银耳原基时备用。接种操作参见图 3-5-8,制成的原种如图 3-5-9 所示。

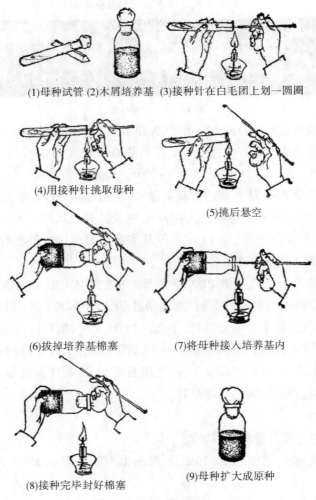

(1)母种试管　(2)木屑培养基　(3)接种针在白毛团上划一圆圈

(4)用接种针挑取母种

(5)挑后悬空

(6)拔掉培养基棉塞　　(7)将母种接入培养基内

(8)接种完毕封好棉塞　　(9)母种扩大成原种

图 3-5-8　接种操作

图 3-5-9　银耳原种

（四）栽培种制作

1. 配方

1）配方一　硬杂木屑 76%,麦麸 20%,黄豆粉 2%,石膏粉 2%,料水比 1：（1~1.2）（以下同）。

2）配方二　硬杂木屑 73%,麦麸 25%,蛋白粉 1%,石膏粉 1.5%,硫酸镁 0.5%。

2. 培养基制作　拌料与灭菌同原种制作方法。

3. 装袋　栽培种用 15 厘米×30 厘米规格的聚乙烯或聚丙烯塑料袋,一端折角封口。装袋时边装边压实,装至距离袋口 5 厘米时停止,将袋口满料后,加套环,插入接种棒灭菌。制棒同时,用等量套环加棉塞,与料棒一并灭菌,以备接种时封口用。常压蒸汽灭菌,由下往上第二层料温达 100 ℃时,保持 5 小时停火,闷锅 4 小时出锅;高压蒸汽灭菌同原种培养基制作。制成的栽培种如图 3-5-10 所示。

图 3-5-10　银耳栽培种

4. 接种　取适龄原种,无菌操作,剔除其表面的银耳原基,将两种菌丝扒碎拌匀,按1∶(10~20)袋标准接满孔穴,加盖已备的无菌棉塞,24~26℃立体培养12~20天发菌透料。观察横断面,中心部位直径约2.5厘米,白色,以银耳菌丝为主;外层0.5~0.7厘米,透黑绿色,大部分为香灰菌丝;中层厚3.0~3.7厘米,褐色、白色相间,两种菌交合比例适宜。为了保证菌丝活力菌种发菌投料后45天内使用,不可拖长时间造成香灰菌老化,活性降低。

（五）菌种培养过程中操作要点

获得优良的品种只是制作菌种的先决条件,银耳菌种在发菌管理过程中精心管理尤为重要。根据银耳生物学特性,人为创造相适应的温、光、湿、气等环境条件使其继续健康生长则颇为重要。如果发菌管理环境不适应,会造成种性退化或感染杂菌,甚至导致菌种萎缩死亡。银耳菌种以及银耳栽培与其他品种的另一个不同点是管理措施的"不可逆转性",即银耳在短短的生育期内可以说每天都有变化和不同措施,稍有不慎将导致出耳差或不出耳。因此,培养菌种要坚持每天精细管理。主要从以下管理措施保证银耳的菌种健康苗壮生长,为生产提高优质的栽培种(图3-5-11)。

图3-5-11　银耳栽培种培养

1. 勤检查　各级菌种在扩繁接种转入培养管理后,第一关就是挑杂。接种第二天检查菌丝萌发、复活情况,以后每天检查菌丝生长情况,是否染杂菌。检查方法是用工作灯照射菌种瓶(袋),认真观察接种块、培养基表面及瓶(袋)壁四周有否出现黄、红、黑、绿等斑点或稀薄白色菌丝,稍有异常立即挑出拿出培养室,防止交叉感染,此时宁可错杀一千,不可漏掉一个,保证菌种100%的纯度。

2. 适温培养　菌种培养室以控制在22~23℃为宜。越冬采用室内安装暖气管,锅炉蒸汽管输入暖气片，使用暖气管升温的方法效果理想，有条件的也可采用空调机电力升温效果更佳。也有菌种厂在培养室内安装电炉或保温灯泡升温。要注意瓶内菌温一般会比室温高，因此在升温时应掌握室温比适温低 2~3℃。培养前期菌种刚刚萌发产热较少，培养室温度可以保持 25℃左右，随着菌丝的生长发育，呼吸强度增大，菌种自身开始产热，菌种瓶(袋)内温度也逐步上升，此时培养室的温度适当降低 1~2℃。同时，培养室内不同层架温度差别很大，底层和顶层温度会相差 2~3℃，冬季更为明显，可以通过定期调整上下层菌种位置，保证菌种长速长势一致。

3. 空气湿度管理　在培养基水分适宜情况下，菌种培养的湿度较易控制。培养室内的空气相对湿度要求控制在 65%左右即可，一般依照自然条件即可。但若遇到梅雨季节等持续阴雨天气时空气湿度过高，会使棉塞受潮，引起杂菌污染。因此要特别注意培养室的通风除湿。方法是在培养室内存放生石灰粉吸潮，并利用排风扇等通风。若气温低，还可利用加温除湿的方法降低室内湿度。

4. 加强通风换气　冬季用煤炭加温时，应注意通风透气，防止室内二氧化碳沉积伤害菌丝，更要防止一氧化碳中毒导致菌丝死亡。不同培养室通风口有要求在菌种排列密集的培养室，室内上下应各设若干窗口。一般培养室进风口在培养室墙角处，出风口在中上部，便于冷热空气对流通风，窗口大小依菌种数量和房间大小而定。

5. 适度光照　银耳菌种培养需要散射光，以利于刺激香灰菌丝发育，吸收养分供芽孢萌发。但不可阳光直射，以免培养基水分蒸发。

银耳 生产能手谈经

六、银耳栽培原料的选择与利用

银耳栽培多采用段木栽培及代料栽培两种形式,而栽培原料的选择与利用直接决定银耳栽培的结果。行业专家多年实践出一些经验之谈,分享给从业者参考。

（一）段木栽培的原料选择

我国适合银耳生长的树种很多，资源非常丰富。据多年调查和栽培实践证明，可以用于段木银耳栽培树种有 100 多种，常见的有栓皮栎、麻栎、枹栎、青冈栎、鹅耳栎、桦木、乌桕、枫杨树、大叶合欢、朴树、大叶桉、构树、榆树等。

不同树种所含木质素等成分不同，木材理化性质能否适合银耳生长也不尽相同，所以栽培所出银耳产量、品质差别有较大区别。用不同树种栽培银耳的生产情况见表 3-6-1。银耳生长和树种的关系见表 3-6-2。

表 3-6-1　用不同树种栽培银耳的生长情况

树种	出耳天数（估计）	采收批数	朵形（大小）	色泽	树皮质地
枫杨	30	6 或 7	大—小	白	好
乌桕	30	5 或 6	小	白—黄	易烂
白榆	40	4 或 5	小	白	中
朴树	40	4.5	小	白—黄	易烂
桑树	40	4.5	单片、薄	白	中
柳树	30	3.4	小	白	易发芽
悬铃木	30	4.5	小	白	好
臭椿	30	4.5	大—小	白	中
重阳木	40	4.5	小	白	中
皂荚树	40	2.3	小	白	易长木腐菌
刺槐	40	4.5	小	白	中
合欢	40	2.3	小	白	易长木腐菌
苦楝	40	2.3	小	白	好
构树	40	2.3	小	白	易长木腐菌

注：据上海市北新泾苗圃试验。

表 3-6-2　银耳生长和树种的关系

树种	朵形	大小	厚薄	疏密	朵数	色泽
猴耳环	菊花	大	厚	密	最多	洁白
杜英	菊花	中	厚	密	最多	米黄
橄榄	菊花	中	厚	密	多	洁白
酸枣	菊花	大	厚	疏	少	洁白
枫杨	菊花	中—大	厚	疏—密	中	白
拟赤杨	鸡冠	大、中、小	薄—中	疏	中—少	白
乌桕	菊花	大—中	中	疏	少	洁白
山乌桕	菊花	大—中	中	疏	少	洁白

树种	朵型	大小	厚薄	疏密	朵数	色泽
米槠	鸡冠	小	中	中	少—多	白
枫香	菊花	大—中	厚	密—疏	中	白
悬铃木	菊花	中—大	厚	密	多	白

注:据福建三明真菌研究所。

另外,由于各地自然条件和气候条件不同,树木种类和数量也有很大差别。因此,在银耳栽培之前,必须对当地耳木资源情况做详细的考察。优质的耳木资源应具备以下条件:

①长出的银耳产量高,朵形大、色泽洁白、品质佳。

②树种分布广,数量多,生长快、易于成林。

③材质松软,边材发达,芯材小。

④树龄以幼树为宜,壳斗科的树种10~15年,速生树种3~5年。

⑤树皮厚度适中,但不易剥落和霉烂。

⑥树径,以小为佳,5~10厘米的均可。

现在国家提倡"绿水青山就是金山银山",想要找到理想的耳木树种也是不容易的。除了含有单宁物质的针叶林树和含有芳香油、精油、树脂等抑菌物质的阔叶林不可用之外,其他树种均可使用。更加提倡加强耳木林的营造和抚育,实现以林养菌,以菌促林,促菌产业可持续协调发展。

(二)代料栽培银耳培养料选择与要求

银耳栽培的原料资源比较丰富,棉籽壳、木屑、蔗渣、棉花秆、玉米秆、玉米芯、黄豆秸、花生壳及部分野草,如芦苇、类芦、斑茅等均可。常用辅料,如麦麸、米糠、玉米粉等,主要用于补充主料中的有机氮、水溶性碳水化合物以及其他营养成分的不足。各种主辅料均应新鲜、无霉变。

银耳培养料配方中常使用石膏粉、碳酸钙、石灰,常用化学添加剂用量应按照无公害栽培基质安全技术要求,石膏粉不超2%,碳酸钙不超1%,石灰不超5%。

除含有松脂、醚等杀菌物质的针叶树,如松、杉、柏和含有挥发性芳香油的樟科树种外,其他杂木屑均可用于栽培。木屑主要来自木材加工厂,应尽可能地利用木材加工厂的边角余料,积极营造速生耳木,保证银耳栽培的原料。

1. 常用培养基配方　栽培者可以就地取材,因地制宜地采用。

1)棉籽壳培养基配方　料水比例为1:(1.1~1.2)。

①棉籽壳85%,麦麸13%,石膏粉1.5%,蔗糖0.5%。

②棉籽壳82%~88%,麦麸11%~16%,石膏粉1%~2%。

③棉籽壳80%,麦麸17.5%,石膏粉1.8%,蔗糖0.5%,尿素0.2%。

④棉籽壳80%,麦麸17%,石膏粉2.5%,硫酸镁0.5%。

⑤棉籽壳78%,麦麸19.5%,石膏粉2%,硫酸镁0.5%。

⑥棉籽壳96.3%,黄豆粉1.5%,石膏粉2%,硫酸镁0.2%。

2)杂木屑培养基配方　料与水的比例为1∶1.15。

①杂木屑75%,麦麸20%,石膏粉2%,蔗糖1.3%,硫酸镁0.4%,黄豆粉1%,尿素0.3%。

②杂木屑60%,黄豆秆23%,麦麸15%,石膏粉2%。

③杂木屑77%,麦麸18%,石膏粉1.5%,蔗糖1%,黄豆粉1.5%,过磷酸钙1%。

④杂木屑76%,米糠19%,黄豆粉1.5%,蔗糖1%,过磷酸钙1%,石膏粉1.5%。

⑤杂木屑74%,麦麸22%,石膏粉3%,尿素0.3%,石灰粉0.3%,硫酸镁0.4%。

⑥杂木屑73%,麦麸24.5%,石膏粉1%,蔗糖1%,磷酸二氢钾0.5%。

2. 其他配方　料与水的比例为1∶(1.1~1.2)。

①棉籽壳50%,玉米芯26%,稻草粉18.5%,石膏粉2.5%,黄豆粉1.3%,蔗糖1.3%,硫酸镁0.4%。

②棉籽壳40%,杂木屑40%,麦麸17%,蔗糖1%,石膏粉1%,硫酸镁1%。

③杂木屑34%,玉米芯25%,棉籽壳22%,麦麸16%,石膏粉1.5%,蔗糖1%,硫酸镁0.5%。

④棉籽壳86%,稻谷壳8%,石膏粉2%,玉米粉2.5%,硫酸镁0.5%,蔗糖1%。

⑤杂木屑50%,甘蔗渣22%,麦麸25%,黄豆粉1.3%,石膏粉1.3%,硫酸镁0.4%。

⑥蔗渣71%,麦麸24.6%,黄豆粉2%,硫酸镁0.4%,石膏粉2%。

3. 培养料配制　按耳房大小,计算好生产数量,确定栽培袋数,按量取料。一次栽培3 000袋,按照棉籽壳85%,麦麸13%,石膏粉1.5%,蔗糖0.5%的配方计算,其用料量见表3-6-3。培养料在配制前,应在太阳下暴晒1~2天,杀死培养料中的部分螨虫、虫卵和杂菌孢子。

表3-6-3　银耳栽培3 000袋用料量

名称	数量(千克)	占比(%)	要求
棉籽壳	1 650	85	含水量在13%以内
麦麸	252	13	足干,无霉变,无失水
石膏粉	29	1.5	白度好,无结块
蔗糖	10	0.5	白砂糖、红糖
合计	1 941	100	料水比1∶(1.1~1.2)

按称取的原辅料,首先进行过筛,剔除混入的沙石、金属、木块等物质,以防刺破料袋。然后将棉籽壳或木屑倒入拌料场上成堆,再把麦麸从堆顶均匀地往下撒开,将石膏粉均匀地撒向四周。上述干料先搅拌均匀,然后把可溶性的添加物,如蔗糖等溶于水中,再加入干料中混合。

培养料配方中料水比为1∶(1.1~1.2),在加水时应掌握"三多三少":培养料颗粒松或偏干,吸水性强的宜多加水,颗粒硬和偏湿,吸水性差的应少加;晴天水分蒸发量大,应多加,阴天空气湿度大,水分不易蒸发应少加;拌料场是水泥地吸水性强,宜多加,木板地吸水性差,应少加。实际操作时,要区别棉籽壳质量和栽培季节及当日气温。棉纤维多的棉籽壳,吸水量多,应加水 110%~120%;籽壳多的吸水少而快,极易往下流,只需加水 100%。南方春季雨水多,湿度大,加水 100%~105%;秋高气燥水分蒸发快,加水量 110%~120% 为宜。

培养基的含水量高低,对菌丝生长关系极大。水分过多渗出,会造成培养基营养流失,还会导致袋内积水过多,接种后菌丝缺氧而停止生长或窒息死亡;含水量高,料温随之上升,基质容易酸败,引致杂菌污染率也高。如果含水量少,培养基偏干,满足不了菌丝生长对水分的要求,也会造成菌丝纤弱,生长缓慢或停滞不前。

银耳培养基含水量要求严格,一般保持 56%~58% 为宜,不超过 60%。配方中麦麸可用米糠代替,但需要加入黄豆粉补充营养的不足,一般 100 千克应加入黄豆粉 4~6 千克。黄豆粉的加入可以使耳片肥厚、色白,具有增产效果。

银耳菌丝生长喜欢微酸性,pH 在 5.2~5.8 生长正常。但在配料后,灭菌前培养料pH 可掌握在 6.2~6.8,经过灭菌后其 pH 会降低,适合银耳菌丝生长。培养料配制后,其酸碱度的测定方法为:称取 5 克培养料,加入 10 毫升的中性水,然后搅拌澄清,用试纸蘸取澄清液,测定其 pH。也可取一小段广谱试纸,插入培养料中,1 分后取出与标准色板比色确定 pH。若酸性强,可加入 4% 氢氧化钠溶液进行调整;若偏碱性,可加入 3% 盐酸溶液进行调节。一般以棉籽壳或杂木屑等为原料,pH 在 6~7,按照配方比例进行配制的培养基,其 pH 在 6.3~7,经灭菌降为 5.3~6,就不需进行调节。

培养料配制后,如果装袋时间拖延,袋内高温微生物繁殖,造成基料酸变,使 pH 变化,对菌丝生长不利。因此,从培养料加水到拌料装袋结束,时间不应超过 5 小时。

七、关于段木银耳栽培模式的选择利用问题

本节介绍了四川通江和以河南信阳浉河区为代表的豫南山区段木银耳栽培模式，读者可以根据自己所在地区的资源优势和气候特点选择使用，以获得较好的效益。

目前我国银耳栽培按照栽培原料分为段木栽培和代料栽培2种形式。其中,段木栽培主要是仿野生栽培,即人工在段木上接种菌种后进行发菌管理,基质用段木模拟原生态,发菌完成后在山间建造耳棚,模拟山中小气候促进银耳天然生长,产出的纯天然野生银耳含胶质多,品质好。段木栽培银耳主要分布区域为四川通江和以河南信阳浉河区为代表的豫南山区。两地虽都处在山区,但是所处经纬度不同,气候有较大差别,栽培方式也有一定的差别。在当地科技人员和耳农不断实践摸索过程中,两地形成了各具特色的栽培技术模式,这两种模式在栽培流程上基本相同,但是在各个环节又有不少差别,我们将其简称为段木栽培银耳的通江模式和豫南山区模式。下面将分别介绍两种模式的栽培要点。

（一）四川通江段木栽培模式

1. 段木的准备

1）砍伐（图3-7-1） 即砍伐作为银耳栽培原料基质的树木,应在秋季落叶后至翌年新芽萌发前砍伐,即从树木进入冬季休眠期到翌年新芽吐前约15天为最佳砍伐期,但以出芽1周前砍伐最适宜。这个时期树木储藏养分丰富,集聚的养分开始转化成为银耳菌丝利于吸收的状态,形成层不活动、树皮和木质部结合紧密;在此期间砍伐,也有利于段木中水分的调节和耳树再生。

图3-7-1 耳木砍伐

通江等地清明前后砍伐叫作"砍春山",土质肥沃处"坐四砍五",土壤瘠薄处"坐五砍六",以树皮裂口者为佳。立秋至立冬之间砍伐叫作"砍秋山",土质肥沃处"坐五砍六",土壤瘠薄处"坐七砍八"。（"坐四砍五"即:选择生长满4年的青冈树,于第五年砍伐用来种耳,其他以此类推。）

砍伐应选择在晴天进行,一般以择伐为好。砍伐时,两边下斧砍成"鸦雀口",树应

银耳
生产能手谈经

横山倒,忌顺山倒或立山倒,有利于树木中养分分布均匀,并防止养分流失。

2)剔枝 砍倒的耳树连枝带叶放置1~2周,可以加速水分蒸发,促进组织死亡,要待树皮褪绿,再进行剔枝和截段(图3-7-2),同时也要防止树木抽水过多,养分消耗过大。剔丫枝的刀子要锋利,剔成的树干几乎一样平展,剔后的痕迹像"鱼眼睛"或"铜钱疤"为佳。剔枝的伤疤宜平而小,勿伤树皮,可减少杂菌侵入。

图3-7-2 耳木截段

3)截段 为了方便管理应将树干截成1米长的段木,最小直径不得低于5厘米。段木截面要用新鲜石灰水涂刷,消毒伤口,防止杂菌侵入和生长。

图3-7-3 架晒段木,两端已刷石灰

4）架晒（图3-7-3）　截好的段木及时运到阳光充足、通风干燥、便于管理的地方架晒。可根据具体情况在干燥、通风、向阳的地方架成三角形或"井"字形，使段木干燥。每隔7天左右翻堆一次，使堆内段木水分干燥均匀。晴天日晒，雨天覆盖塑料薄膜，防止雨淋。待段木横断面变为棕红色，并出现放射状裂纹，即达到架晒的目的，可以用于下一步接种。

在传统段木银耳栽培中，需要进行段木的堆积发酵，使段木死亡，细胞消解，同时有益微生物，特别是香灰菌的定植。发酵过程中，段木的一些物质被微生物利用，同时发热，排出二氧化碳和水汽，水汽在段木上凝结成水珠，好像段木出汗，耳农俗称"发汗"。当前使用银耳和香灰菌混合菌种接种，段木发酵过程已逐步被简化，不经发酵也可以供栽培用。

2. 耳棚的准备

1）选堂　排放银耳栽培菌棒的场所即耳棚，俗称耳堂。耳棚应选择在山谷、林间、溪旁、池畔。要求地势平坦，水源充足，气候温和湿润。阴山应择阳处，热地应择阴处，寒地应择阳坡。早晨和黄昏有阳光透射。坡向以南坡、东坡、东南坡为佳，在山腰、山谷有一定平坦面积的阔叶林地，坡度10°~30°，不宜太陡，林间郁闭度为0.7~0.8。林下长有苔藓、蕨类、禾本科和莎草科小草的地方最理想。好的耳棚应具备通风、透光、保温、保湿、清洁等条件。

通江传统银耳栽培选棚，耳农俗语云："七分阴，三分阳，花花太阳照耳棚。"银耳山棚一般选在山之东南方，且有一定斜度但又不甚陡峭的青冈林坡地，须土质良好，土层厚，排水良，有地卷皮，长羊胡草，并有杂木遮阴。耳棚选好之后，耳农们要将所选之地的荆棘、杂草除尽，并将牛羊马粪、枯枝败叶清除干净。

2）搭建　耳棚大小，以排放段木多少而定，一般以每吨段木占地8米^{2}计算面积。耳棚四周用黏土筑起180~200厘米高的土墙，墙上用竹竿或木条搭成"人"字形的屋架（角度小于45°），上面铺上农用薄膜，再放一些阔叶树枝丫遮阴。气温很高时，应在屋架上再搭荫棚，距薄膜1米以上，以便遮阴降温。为了便于管理，应在土墙上适当位置开一扇或两扇高160厘米、宽70厘米的木制或竹制门。另外可根据棚内段木排放方向，选适当的位置，开若干个小地窗，通风换气；用薄膜作帘，可随时开关；地面铺一层6~8厘米厚的小石片或粗沙石，四周挖好排水沟。

传统的耳棚现在已有了较大的改进，当前四川通江段木栽培的耳棚主要为土墙荫棚薄膜耳棚（图3-7-4）。长10米、宽4.5米、边高2米、中高3米、地窗4个、中窗2个、天窗2个、门2个；耳棚两头对开。耳棚内地面平整，两边巷道80厘米，中间巷道90厘米，每个耳棚排两行耳杆，每行宽1米，排杆重量5 000千克左右。

银耳
生产能手谈经

图 3-7-4　土墙荫棚薄膜耳棚

3. 段木接种

1）接种时间　接种的早晚与菌种成活率和出耳率有关，从清明至立夏期间，选择雨后初晴，气温较高的日子进行接种。一般掌握气温稳定在 15~18 ℃为宜。四川通江县为 3 月中旬至下旬。接种宜在晴天进行，下雨天空气相对湿度大，易感染杂菌，不宜接种。

2）场所处理　接种场地为室内或室外荫蔽处，忌太阳光直射场所，地面坚实。接种场地要求干净卫生。接种人员先用肥皂水或消毒液将手洗净，再用乙醇棉球擦洗，然后用乙醇棉球对接种工具进行擦洗，要树立无菌操作观念和意识。

3）打孔（图 3-7-5、图 3-7-6）　当前段木银耳接种多采用电钻打孔（图 3-7-7），也有利用啄斧打孔，孔距 8~10 厘米，行距 5~6 厘米，孔深 1.5~2 厘米，树径小可稍浅；直径 8 厘米的杆钻 3 排孔，10 厘米的杆钻 4 排孔，12 厘米的杆钻 5 排孔，14 厘米的杆钻 6 排孔。一米长段木每排钻 9 个孔。打第二行时，要与第一行错开呈"Z"字形排列。也可采用接种斧打孔，孔穴应与段木垂直，不能歪斜，接种穴间排列及距离，应力求整齐、均匀。树径较粗，材质硬的树木，接种穴可以密一些，反之，则可稀一些。

图 3-7-5　打孔

图 3-7-6　打好孔的段木

图 3-7-7　电钻打孔

4）拌种　通江段木银耳采用的菌种，以木屑菌种为主。由于银耳菌丝和香灰菌菌丝生长的差异，在培养基中，银耳菌丝吃料的深度，远不及香灰菌。为了避免接种时两种菌的接种量失调，必须将培养基中两种菌丝拌匀，以保证出耳率。拌种前，先用 0.1%的高锰酸钾水或食用菌专用消毒液擦洗菌种瓶（袋），然后将胶质化子实体去掉，保留耳根处白色的板块，把菌种倒入接种盆捣细、充分混合均匀。装菌种的容器工具要洗净消毒。

5）接种（图 3-7-8）　接种应由专人负责，操作人员的双手、操作所用的工具均需先用肥皂水洗净,再用0.1%的高锰酸钾或75%的乙醇消毒。接种时,将拌好的菌种用接种勺或手接入接种孔内,种面与段木表面平贴,每孔菌种要填满、压实,至段木表面平整为宜,菌种必须与接种孔底部充分接触。接种后,为了防止菌种干枯或被雨水淋湿,应用预先准备的树皮盖把穴盖好,四周敲紧与树皮表面平贴。也可采用石蜡封口,配方为85%石蜡,10%鲜猪油,5%松油。具体方法为蘸融化的石蜡封住接种口的表面,要求石蜡薄如纸,与段木表面齐平。封口时石蜡加温融化后的温度不超过40℃。如果采用孢子液接种方式,首先要配制孢子液,用滴管或喷雾器进行接种。

图3-7-8 接种

传统栽培,将架晒后的耳杆运往耳棚散开,将耳杆一排排堆放整齐,紧贴地面,每根耳杆间隔寸许,每两排耳杆间留人行道,以便清除杂草和拣耳时不至于踩着耳杆。排杆后,在自然条件下,由风力自然传播银耳孢子和香灰菌着生耳杆。

4. 发菌管理　保温发菌管理又称为"困山"。将接种后的段木置于打扫洁净的树荫下或在干净的室内、棚内"井"字形堆码,用透气保温材料覆盖,8天左右翻杆一次,使其上下错置,里外反复,须翻五六次,且保温、保湿,当耳杆上零星冒耳时即可准备排棚。发菌的好坏关系到出耳率的高低。

接种成活率及菌丝生长好坏均与保温发菌有密切关系。一般发菌时间约45天。为了使银耳和香灰菌都生长较好,获得理想的栽培效果,要提供满足这两种菌生长的条件。生长时间不足、菌丝量不足或只有一种菌丝长得好,都不能获得高产。

1) 选地叠堆　发菌场地可根据气候变化的具体情况,选在耳棚内、树荫下、草地上、土院里。要求环境清洁,事先地面上撒些石灰、杀虫剂、杀菌剂消毒。然后将接种后的段木以"井"字形堆叠在树荫或有遮阴的棚下,利用阳光射入提高堆温,但应防止堆温过高。堆高一般不超过1.2米,长一般不超过10米。下面垫杆、上盖薄膜,薄膜不能直接接触耳杆防止温度过高和夜间凝露滴在耳杆上,可在段木与薄膜之间用树枝相隔,上层用 4 厘米的竹板搭建成弧形,高于段木 10~15 厘米或用山茅草覆盖堆内表面,再用塑料薄膜覆盖整个发菌堆。堆内放入温湿度计,以便掌握温湿度变化情况。

2)发菌培养 菌丝生长阶段,不需要良好的通风和光照,过多的水分会使银耳在菌丝没有生理成熟之前,就提前扭结出耳,减弱银耳菌丝继续向纵深方向生长的趋势。发菌过程保持空气相对湿度 75%~80% 为宜,当堆内湿度过大时要排湿;若湿度不足,要适当喷水,薄膜内有凝聚水珠,是湿度适宜的表现。翻堆时根据堆内湿度情况可适当喷水。发菌前期不要喷水,让菌丝深入木质部。第二至第三次翻堆,段木过于干燥时,才可适当喷水。每次喷水后,要在段木表面水分风干后再覆盖薄膜。需水量由少到多,喷水的时间、多少要灵活掌握,它关系到发菌的成败。发菌期间,温度保持在 22~26 ℃,不可超过 28 ℃,前期应尽量保持 25 ℃左右。若堆温过低,温度不够时要升温,白天应掀开覆盖物,利用阳光提高堆温,晚间覆盖;若堆温过高,则白天加盖或加厚覆盖物,或将薄膜掀开一角通风,温度过高时要降温,定期翻堆,使菌丝均匀生长。

当前四川通江县段木银耳生产中,一般为前 10 天堆内温度保持在 20~28 ℃,空气相对湿度保持在 75% 左右;后 10 天堆内温度保持在 22~25 ℃,空气相对湿度保持在 75%~80%,每天中午掀膜 1 次,通风半小时。

3)适时翻堆 为了使堆内耳杆上下、内外温湿度平衡,要常翻堆。每隔 7~10 天将堆内段木上下、内外轮换 1 次。重新堆叠时,覆盖的树叶也要更换 1 次,一般翻堆都在晴天进行。第一次翻堆间隔 10 天,以后每 7 天翻堆 1 次,翻堆要做到下面翻到上面,两边的翻到中间,上下、内外互相调换位置,使每根段木都得到相似的环境条件,发菌均匀。翻堆时应小心轻放,防止碰伤树皮,碰掉封蜡。

图 3-7-9 耳杆发菌(1)

4)发菌时间 发菌时间长短,在正常情况下木质松软的、段木直径小的 45 天可结束发菌工序,准备排棚;相反,木质硬、段木较粗的,则要两个多月才能达到发菌的效果,若遇发菌期阴雨低温,则需要长一点时间。关键是以段木中菌丝基本长透,达到生理成

银耳

生产能手谈经

熟为准。外观上表现为接种孔壁及附近组织有白色绒毛状菌丝和黑色斑线出观。接种后35~40天，即有耳芽发生。树径细，材质松的段木出耳较快。耳杆发菌如图3-7-9至图3-7-11所示。

图3-7-10　耳杆发菌（2）

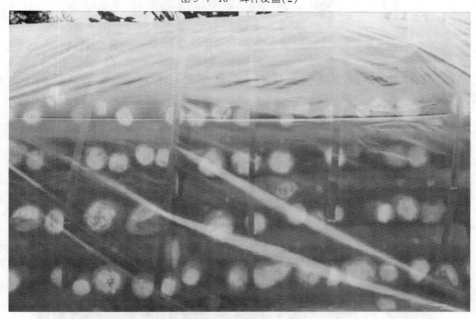

图3-7-11　耳杆发菌（3）

5. 排棚及出耳管理　发好菌的耳杆，运进耳棚，俗称"进棚"。

耳棚内备好木杆或竹竿和篱桩若干，顺着排放方向打两行篱桩，离地面高70~80厘米，两桩相对间距80厘米，长短视耳棚大小而定，再顺着篱桩排两行木杆搭牢。耳棚内排放耳杆的木架之间要留70厘米宽的人行道。

1）搭架排杆　一般堆内长出小银耳的段木达到30%左右，应立即搭架排棒，俗称"排棚"（图3-7-12）。排杆时，先选一根较为端正的耳杆作横杆，再将其余耳杆竖直与地面成约80°角，斜靠在横放的耳杆上排放。每根耳杆之间保持3~5厘米的距离，第一排耳杆排列完毕之后，相距8~10厘米，再排列第二排耳杆，直至将所有耳杆排列完毕。

图3-7-12　排棚

2）出耳（图3-7-13）管理　出耳期的管理主要是水分、温度、通气的调节及光气协调。

图3-7-13　出耳

（1）水分调节　排进耳棚的段木较干燥，要用干净的河水或井水喷在段木上，以增加含水量，并相应地要提高空气相对湿度。这期间应保持空气相对湿度达到90%，耳木、树皮内含水量应达38%~50%。喷水次数的多少以及量的大小，要根据气候、段木、出耳情况等灵活掌握，一般每天可喷水3~5次，晴天及较干燥的耳棚，每天早晨应喷水1次，将段木喷湿；阴天或阴湿的耳棚，要根据水分蒸发的快慢，确定喷水的次数和喷水量。最好用喷雾器对空喷水，不宜直接喷水在耳杆上。耳农在实践中总结出"五多五少喷水法"值得我们借鉴。即"晴天喷得多，阴天喷得少（雨天不喷）；耳木上部喷得多，下部喷得少；耳干喷得多，耳活喷得少；当风耳杆喷得多，背风耳杆喷得少；早上喷得多，下午喷得少"。喷水时以"地面见湿不见水，耳杆见水不淌水"为准。总之，管理中要使耳杆干干湿湿交替。"湿"是为了长出肥美饱绽的耳片，"干"是为了菌丝进一步向纵深发展，扩大吸收营养的范围，以利高产。如果水喷得过多易黑杆，朵小，烂耳。

（2）温度调节　出耳期间温度要控制在20~25℃。老产区4~5月气温变化一般在此范围内，7月以后气温上升，要采取降温措施。在出耳管理前、后期，温度不是太高，遮阴物不宜太厚，要让一些阳光从缝隙射进耳棚以增加温度。出耳管理中期在7~8月，是一年中气温最高的季节，也是银耳出产最多的时候，棚内温度可达35~36℃，此时应注意降温。主要方法是加厚遮阴物，早晚打开门窗换气，让空气对流，每天换气不少于2次。若长时间干旱、高温反常的情况下，水源好的地方，可对荫棚和塑料棚直接用高压喷水设备反复多次大量喷水；在棚内可对空喷射，切忌直接喷在耳杆上。同时向棚内墙壁、地板上多次喷水、降温保湿，棚内温度要尽量控制在30℃以下，否则，对银耳生长不利。

（3）通气调节　早晚打开地窗和24小时开天窗加强通风换气，每次通风不少于30分。并注意：外界自然温度超过30℃以上不宜打开门和地窗。在银耳子实体生长后期，当气温降到20℃以下，应注意保温保湿。早晚不宜打开门和天地窗。通风换气应该在中午气温回升时。出耳后期逐步减少遮阴物，增强光照，提高耳棚内的温度，促使子实体的生长。

（4）光气协调　子实体分化和发育，需要一定的散射光和充足的氧气。生产中主要采用适时打开门窗，增减遮阴物等办法。

5. 银耳采收与加工

1）采收　适宜的条件下，新冒出耳基经过7~10天的生长，即七八成熟，耳片完全展开，呈白色半透明，手感柔软而有弹性，并有黏液时，不论大朵、小朵都应及时采收。一般每隔5~6天采耳1次。子实体采收后，将耳杆上下掉转，重新排好。采收时尽量不要将遭受病害、虫害的耳杆掉在耳棚内，防止杂菌侵染面积的扩大。若接种穴的耳基生长不良，可用利刀将接种穴残留耳基刮去一层，让下部的菌丝生长上来，以促进新耳基的萌发。若有烂耳发生，应及时将烂耳刮除干净。正常情况下，一个耳穴可采收3~7次，产量不定，一般100千克段木产耳0.5~1千克。

2）加工　将采收的新鲜银耳，除去杂质，剪去发黑、发黄的蒂头或耳脚，在清凉干净的水中淘洗干净（图3-7-14），沥去水分，然后按朵片大小分级，用烘干机烘干或铺在涂有植物油的竹筛或铁丝上晒干,也可用炭火烘烤。有人认为采收后的银耳通过清水淘洗,会使胶质外溢,耳片变薄,晒干、烘干后,产量会降低,因此也有人免去了淘洗这一步骤。

图 3-7-14　淘洗银耳

　　烘干(图 3-7-15)时,鲜耳的摆放应耳基朝下,耳片朝上,并且不能重叠摆放。烘烤中,鲜耳不能翻动,只能将烘笆上下调换。烘烤开始应将温度尽快升到 60 ℃,当耳片接近干时,温度逐步降到 40 ℃,以防温度过高,把耳片烤焦。商品银耳应具有色白(或微黄)、空松、干燥、无杂质、无霉烂、无耳脚等特点。

图 3-7-15　烘干银耳

（二）豫南山区段木栽培模式

豫南山区于20世纪70年代初期引进段木银耳栽培技术，最早由信阳商城县齐隆奇自华中农业大学引进栽培，而后发展到信阳浉河区、驻马店确山等地。信阳市农业科学院结合当地自然条件和生产从银耳制种和栽培技术等方面进行多项改进试验研究，形成了一套豫南山区段木银耳高产高效栽培新技术。下面将详细介绍这一技术。

1. 段木的准备

1）砍伐　豫南山区段木银耳栽培多选麻栎树和栓皮栎，最佳为麻栎树，该树种皮薄，截段后失水快，接种后吃料快，出耳早。砍树最佳时间确定在树木落叶后至翌年树叶萌动之前。此时砍树，因处于休眠期的林木形成层不活动、树皮和木质部结合紧密，不易脱皮。

砍树时机选择应选择在晴天进行，雨天不宜砍伐。过去认为间伐为好，但是，耳农经验是皆伐即山头分片全部砍光为好，使树桩全部重新萌发，接受光线和雨露条件一致，利于萌发幼苗快速一致生长。间伐的树桩因得不到充足光线反而不能很好生长。砍伐时，小径材实行一刀两断。大径次对侧两边下斧砍成"鸦雀口"，同时还用尽量低砍，以便在近地处萌发，避免形成高桩树，同时还可利用根茎处营养丰富径材。砍下的树应水平倒，忌顺山倒或立山倒，有利于树木中养分分布均匀，不会集中于一端，并防止养分流失。砍树顺序先砍低山上的树，后砍高山上的树（低山气温高，树木萌发早，高山气温低，树木发育迟些）。

2）剔枝　剔枝基本同四川通江模式。

图3-7-16　含水量适宜的段木

3）截段和架晒　豫南山区段木栽培截段较通江要长，一般为1.2米，这样做大棚空间利用率高，更加省工、省力。段木直径在8～12厘米。堆垛架晒选择在干燥通风、向阳地段，堆码时粗细分开，"井"字形或三角形堆码，底层垫上废木料防止段木吸潮。依天气情况 7~10 天翻堆 1 次,保证上、中、下层段木含水量均匀一致。阴雨天要做好遮蔽工作,防止雨水淋湿段木滋生杂菌。当段木横截面出现微裂并出现放射状裂纹即可达到接种标准,即段木含水量为 36% 左右,此时接种银耳菌吃料快,吃料深入木材芯部,后期出耳产量高;段木含水量过低,香灰菌不易成活;段木含水量过高,接种后由于段木透气性差,香灰菌、银耳菌吃料慢,吃料浅造成后期出耳产量低,耳片小。各种含水量段木如图 3-7-16 至图 3-7-18 所示。

图 3-7-17　含水量过低的段木

图 3-7-18　含水量过高的段木

2. 打穴方式和穴孔密度 豫南山区段木银耳栽培早期打穴手段是手工打穴,打穴密度为 3 厘米×10 厘米,穴孔直径为 1.0~1.2 厘米。这种方式穴孔小,密度大,存在用种量少,发菌不旺,小穴孔易储水,死穴生虫引起烂耳等问题。为此,我们对打穴方式做了改进,用台钻打穴接种(图 3-7-19),改密为稀、改小为大,标准是:打穴密度 4 厘米×12 厘米,穴孔直径加大到 1.6~1.8 厘米,深入木质部 1 厘米。如此改进后,加大了用种量,接种易操作、不悬空、不死穴、发菌快、出耳早。

图 3-7-19 台钻打穴

3. 接种

1)接种时间 在当地最低气温稳定在 8~10 ℃时开始接种,基本上是当地 3 月中旬至下旬接种完毕,在此时间段内偏早为佳,为了防止穴孔感染杂菌,当地耳农一般采取边打穴边接种方式(图 3-7-20),接种完毕后立即盖膜"发汗",防止香灰菌干燥死亡。

2)接种方法 由于豫南山区银耳菌种制种技术改进后,菌种制作由表面接种改为立体接种,使银耳菌和香灰菌同步生长,解决了银耳栽培种上下分布不均匀和两种菌比例失调问题。接种不再掰碎拌匀,而是采用掰块接种方法,接种由两人操作,一人掰菌种按入穴中,另一人用锤子打平打实即可,也可以由一人

图 3-7-20 接种

独立完成。

4. 发菌管理

1)发菌场地准备　银耳发菌豫南地区耳农俗称"发汗"(图3-7-21),即在发菌前期,将接种后的耳杆顺码堆放(图3-7-22),用塑料薄膜盖严实,吸纳太阳能使其堆温升至将近35℃,区别于四川通江的方法。实际上段木银耳发菌温度控制有两个不同时期。发菌前期15~20天,环境温度在15℃左右,需要加强光照,利用太阳能中午时段料堆升温可至35℃以上,这仅仅是堆内空气温度,而耳杆传热慢,远远没有达到高温状态,同时,一定范围内高温可以抽出耳杆内部水分,利于香灰菌定植生长。因此,发菌前期要选择背风向阳、排水性好的地段,地面平整、洁净,不得有腐烂杂草等,以免在"发汗"期间高温高湿引起杂菌感染。在发菌中后期,随着气温回升,环境温度在20℃以上,可以满足银耳菌生长,可以不再利用太阳能升温,将耳杆移到林下(图3-7-23、图3-7-24)或盖有遮阳网的棚内(图3-7-25)盖膜发菌,保持堆温25~28℃即可,定期通风补充新鲜空气,减少堆内湿度,满足菌丝生长需要。

图3-7-21　发汗

图3-7-22　顺码起堆

图 3-7-23　林下发菌(1)

图 3-7-24　林下发菌(2)

图 3-7-25　棚内发菌

2)堆码　接种后的耳杆顺码摆放成一行,堆高1米左右为宜,过高不利于操作,过低堆温上不来。耳杆堆码后在其顶部用竹木或钢筋搭成屋脊形或拱形棚架(棚宽度1.4米、长度视堆料长度而定),防止覆膜后顶部冷凝水滴到耳杆上引起杂菌感染。整个料堆覆盖无色透明塑料膜,底部四周压实利于保温、保湿,堆内放置数显温湿度计,随时观察堆温变化情况,适时翻堆(图3-7-26)。

图3-7-26　翻堆

5.排场及出耳管理　发好菌的耳杆移入出耳棚,俗称"排场"。出耳棚内打两行篱桩,离地约70厘米,间距80厘米,长短视耳棚大小而定,再顺着篱桩搭两行木杆固定成架,主要有"人"字形(图3-7-27)、覆瓦状。

图3-7-27　"人"字形架

豫南山区银耳排场多在 5 月中旬，端午节正值出耳盛期，较四川通江要早。

发菌期的水分管理，要掌握在接种 40 天才开始喷水，因为过早过多喷水，也会导致早出耳，耳长不大，低产问题。起架早期，棚温控制在 25～28 ℃，少量多次喷水，保持杆面、地面潮湿，以催耳发生。耳芽发生后，在育耳期加强通风管理，促使展耳好，不致形成疙瘩耳。当地银耳接种期在 3 月上旬至 4 月上旬，出耳盛期赶在 6 月上中旬，"南阳风"（豫南地区常出现的 6 月下旬到 7 月上旬的南向干热风）到来之前。若出耳期推迟，赶上"南阳风"，应停止喷水，待"南阳风"过后再继续管理，催耳育耳。耳农经验，每穴可出耳 2～3 茬，出耳到 7～9 月。

6. 银耳采收与加工

1）采收　适宜的条件下，新冒出耳基经过 7～10 天的生长，已七八成熟，耳片完全展开，呈白色半透明，手感柔软而有弹性，耳片由湿润变干，不论大朵、小朵都应及时采收。采耳要赶在晴天，采收前停水 1～2 天，待耳片干爽后手扒采收，这样可带起耳基，利于下茬耳出耳顺畅；采收时剔除耳基杂质，鲜耳干净入筐。一般每周可采耳 1 次，视温度高低而定，温度高银耳生长快，反之则慢。一茬耳采完后将耳杆掉头，着地一端调换到上部，保证耳杆上下湿度一致。一般 100 千克段木可产干耳 1 千克。

2）加工　将采收的新鲜银耳，剪去耳基及发黑、发黄耳片，晒干或晾干。晒干方法是：将修剪过的银耳耳基朝下，耳片朝上摊放在竹木筛子上，置于通风向阳的地段晒干（图 3-7-28）；也可晒至半干时再烘干（图 3-7-29），防止早期耳片不干时高温烘干导致耳片焦化，后期炖汤时不易炖化。烘干时要注意不要温度过高影响耳片色泽。现在消费者对银耳干品品相要求越来越高，耳农在采收后要先用水淘洗掉所带菌种、木屑等杂质，这种水洗银耳不建议晒干，要及时烘干，否则容易滋生细菌产生毒素。

图 3-7-28　银耳晒干

图 3-7-29　银耳烘干

加工干制的银耳干品（图 3-7-30）分级标准见表 3-7-1。

图 3-7-30　银耳干品

表 3-7-1　银耳干品分级标准

等级	标准
甲	足干、色白或略带米黄、无杂质、无蒂头、肉厚、朵形圆整,直径 4 厘米以上。
乙	足干、色白或略带米黄、无杂质、无蒂头、肉厚、朵形圆整,直径 3~4 厘米。
丙	足干、色白或略带米黄、肉略厚、无杂质、无蒂头、整朵或单片,直径 2~3 厘米。
丁	足干、色白或略带米黄、肉薄、无杂质、无蒂头、整朵或单片,直径 1~2 厘米。
等外品	足干、色白或略带米黄、朵形不一、无碎末,直径在 1 厘米以下。

下篇　专家点评

銀耳 生产能手谈经

八、豫南山区段木银耳栽培技术创新

　　豫南山区的段木银耳栽培高产关键技术在于制种技术。众所周知,银耳菌生长必须有伴生菌香灰菌,传统的制种技术由于两种菌生长不同步往往造成接种后产生死穴或瞎穴等现象,给生产带来严重影响。我们针对这些问题紧密结合生产实际,开展了段木银耳栽培技术的改进与应用研究,在常规段木银耳制种和栽培技术的基础上,进行一些创新性技术改进。

（一）制种技术的改进与应用

纯菌种的分离优选　前面提到过，银耳栽培种需要有纯的银耳菌和香灰菌进行交合。天然环境下银耳菌和香灰菌是混合存在的，如何取得优质的纯银耳菌菌种和纯香灰菌菌种，信阳市农业科学院经过多年的试验探索形成了纯菌种分离优选技术——木组织分离法。

木组织分离法：在头茬耳出耳盛期，群体出耳好的耳棚，选取整段出耳整齐、展片好、无木腐性杂菌的子实体发生的耳杆，于耳杆中段截取约 15 厘米长并带有一穴出耳好的耳穴作为分离样段。其做法是，于 6 月上旬，头茬耳出耳盛期取样，用刀劈掉约 1 厘米厚外皮，下余木质部分备用。根据银耳菌较香灰菌耐干性强的生理特性，试验得出在自然室温下干藏 133 天香灰菌死亡；在电热恒温箱内 32 ℃下干藏 42 天香灰菌死亡。香灰菌死亡后，样本中仅留银耳菌。根据这一试验结果，可进行纯菌种的分离。样本取回后，先于远离菌穴处将香灰菌分离出来。因为香灰菌生长快，所以在远离菌穴处只有香灰菌，将这里的木组织切割一部分，置于 PDA 斜面培养基上培养，即得香灰菌纯菌种。然后将样本做干藏处理，待香灰菌死亡后，再将银耳菌分离出来。分离方法是，在无菌条件下，用灼烧灭菌的刀片将分离样本撬掉一层，于无杂菌的撬面上，再用灼烧灭菌的利刀切取米粒大小的木粒，转接到灭菌的斜面基质上，培养得银耳菌纯菌种。

为加快香灰菌的死亡进程，也可采取样本木粒干燥法，即先将空试管加棉塞高压灭菌，而后将取回的样本，在无菌条件下，无菌操作在无杂菌的撬面上，近菌穴处，切取米粒大小的木粒，移入无菌试管，每管 5~7 粒干藏。因木粒小，失水快，故能提前致死香灰菌。香灰菌死亡后即可无菌操作将木粒转接到灭菌的斜面试管培养基上，每管 1 粒，培养得银耳菌纯菌种。

分离出的两种菌，其表现优劣不一，要进行优良菌种的筛选。优选的标准：银耳菌略突起，继而出现白毛团者为佳；香灰菌长势旺，爬壁能力强，能产生色素，表现黑绿色者为佳。待分别优选后进行交合，即先接种香灰菌，待香灰菌菌落直径约 1 厘米时，将银耳菌接种香灰菌上培养即制成交合母种。当交合母种菌落出现淡黄色液滴表明交合成功，随即按 1∶（1~2）的比例接种到原种瓶中，继续培养至原种瓶长出大朵银耳时，即可用于转接栽培种。

改进后的菌种分离方法较常规方法得到的菌种活力强，出耳质量好。

（二）栽培种制种方式的改进

菌种质量优劣是银耳栽培能否获得高产稳产优质高效的决定因素。在生产中，常规栽培种制种方法是：无菌操作将一定深度的原种扒碎拌匀，采取表面接种法接种栽培种。这样银耳菌生长慢，香灰菌生长快，培养出的栽培种就存在银耳菌上部多，下部银耳菌含量不足问题。因此，在用于段木接种时，就要求耳农将菌种取出掰碎混匀再行接种。耳农反映，如此操作不出耳的瞎穴少，但很少发生大朵耳，碎耳多，质量差，难上等级。为提高出耳质量，部分耳农改变接种方法，将菌种取出，掰成上、下两块，分给两人操作，同点一杆，其效果是虽能提高大朵耳子的比例，但瞎穴太多，难以高产。针对这些问题，对栽培种的接种技术进行了改进，做法是采用立体发菌制种及接种技术。即用袋制种,基质拌料,装袋,加套环,插入接种棒灭菌;制棒同时,用等量套环加棉塞,与料棒一并灭菌;料棒灭菌出锅冷却,无菌操作接种;接种时拔出接种棒,将扒碎拌匀的原种接满穴孔,不得悬空,加棉塞(从套环中拔出的灭菌棉塞)培养,立体发菌;待栽培种长满后掰块接种于穴孔内,按压密接,平整,不得悬空。接种后不加穴盖,裸露培养发菌。

从效果来看,解决了银耳菌上下分布不匀和两种菌比例失调问题;应用于生产,改掰碎拌匀接种为掰块接种,表现为瞎穴少,出耳整齐一致,大朵耳的比例增大。

(三)栽培方式及技术改进

1. 发展林下搭棚栽培,降低了生产成本　与非林下搭棚相比,林下搭建耳棚,其好处:一是银耳生产不与粮食争地;二是林下阴凉防风的小气候,适宜于出耳育耳;三是林下栽培银耳对育林可收到以短养长的效果;四是出耳期的喷水管理也有助于林木生长;五是林下栽培银耳,菌林互为有利,银耳排出的二氧化碳是林木的气体肥料,林木排出的氧气有利于出耳育耳。

2. 打穴方法和接种量的改进与应用　用电钻打穴接种,菌穴直径16毫米(常规为10~12毫米),密度4厘米×12厘米(常规为3厘米×10厘米)。银耳有就穴出耳的生活习性,如此扩大菌穴,降低密度的好处是易操作、不悬空、不死穴、发菌快,使每穴银耳菌丝含量增加,抢先占据穴位发菌优势,出耳早,耳子朵大;避免小穴孔储水生虫,引起烂耳。就用种接种量而论,比过去略有加大,按小头直径8~12厘米,长1.2米的段木计,每根用种量150~200克(常规为80~120克)。

3. 发菌和出耳期管理方法的改进与应用　改接种后"井"字形起架盖膜发菌为顺码起堆发菌,好处是节省空间,易升温,便于光、温、水、气协调管理。经验表明,早春气温偏低,接种后在阳光下起堆发菌,给以20天左右的增温培养效果好,发菌快,能抑制杂菌发生;在阴凉处发菌效果差。从接种至出耳需60天左右,不可过早进棚催耳,否则菌丝吃木浅,蓄积养分不足,耳子长不大,质量差,低产。在发菌过程中,前期10~20天翻堆1次,中后期7~8天翻堆1次,特别到后期随着气温回升和发菌量增大,更要加强翻堆散热管理,严防高温烧菌。就耳杆发菌动态而论,杆子两端截面有香灰菌旺盛发生变黑,有10%~20%的耳杆见耳,此时就可进棚起架催耳,进入出耳管理期。发菌期的水分管理,要掌握在接种40天才开始喷水,因为过早过多喷水,也会导致早出耳,耳长不大,低产问题。

起架早期,棚温控制在25~28 ℃,少量多次喷水,保持杆面、地面潮湿,以催耳发生。耳芽发生后,在育耳期加强通风管理,促使展耳好,不致形成疙瘩耳。当地银耳接种期在3月上旬至4月上旬,出耳盛期赶在6月上中旬,"南阳风"到来之前。若出耳期推迟,赶上"南阳风",应停止喷水,待"南阳风"过后再继续管理,催耳育耳。耳农经验,每穴可出耳2~3茬,出耳到7~9月。

段木银耳出过耳的废耳杆粉碎后可以作为代料香菇的种植原料,经试验研究,效果与使用全新木屑类似,可以实现林木资源的循环多层次利用,践行绿色发展理念。

　　不同的栽培模式,都能生产出优质的银耳。只要用心去做好每一件事,就会取得好的经济效益。

下篇 专家点评

九、主要的银耳代料栽培模式

银耳代料栽培是我国当前最主要的银耳栽培方式，我国银耳95%为代料栽培。代料栽培银耳季节安排、培养料配方与配制见前文所述，此部分详述生产管理过程。

银耳代料栽培是以杂木屑、棉籽壳、玉米芯、甘蔗渣等为主要原料,麦麸、糖、米糠、黄豆粉、蔗糖、石膏等为辅料混合,以塑料袋、罐、瓶作为载体,取代木材(原木或段木)的银耳栽培方式,代料栽培可充分利用农林副产物进行银耳栽培,且栽培产量显著高于段木银耳。据统计,每100千克棉籽壳,可产干耳16~18千克,高产可达20千克,是段木银耳产量的10倍以上,同时代料银耳生产周期从接种到采收35~40天,显著短于段木银耳。基于以上特点,我国现行商业性生产的银耳,主要是采用培养料袋栽方式。

(一)菌袋制作

菌袋制作分为装袋、打穴封口、灭菌冷却、接种4个环节。

1.装袋 采用对折径12.5厘米、长53~55厘米、厚0.004厘米的低压聚乙烯塑料薄膜成型折角袋,也有的银耳栽培采用长50厘米、折径12厘米、厚0.035~0.04毫米的筒袋。优质塑料袋要求厚薄均匀,袋径扁宽大小一致;料面密度强,无砂眼,无针孔,无凹凸不平;抗张强度好;耐高温,装料后经常压100℃灭菌,保持16~24小时,不膨胀、不破裂、不熔化。

装袋可以机械或手工操作。可以选用银耳专用装袋机,每台装袋机配备操作人员7人,其中上料1人,掌机1人,传袋1人,扎袋口2人,打穴1人,胶布封口1人。

代料银耳标准装料量为干料0.6~0.75千克,湿料1.3~1.5千克,培养料填装高度为45~47厘米。袋紧实度以手抓料袋,五指用中等力度捏住袋面,呈现微凹即可。装袋结束,需要将料袋表面黏附的培养料清理干净,用线或卡扣扎紧袋口。料袋需要及时进灶,通常要求的时限是装袋后2小时内进灶,立即进灶灭菌。当日配料,当日装完,当日灭菌。

2.打穴封口 因银耳菌丝抗逆、抗杂能力弱,相比其他菇类容易被杂菌污染,为减少培养料在空间暴露的时间,防止杂菌入侵。采取先打穴、封口,后灭菌、接种的方式。料袋长短规格不同,接种穴数量也有别。袋长50厘米的打3穴;袋长55厘米的打4穴。接种穴位置,按料袋长度等分距离。

用直径1.5厘米的打孔器在装好的料袋上打穴,或借助简单的机械进行打孔。标准接种穴为宽1.2厘米,深1.5~2厘米。银耳接种后,是1穴长1朵子实体,一次性收成。为此,接种穴的深浅要求十分严格。如果接种穴太浅,一是菌种定植期遇高温干燥的不良环境时,菌种很快松散,萎缩,不定植;二是菌丝发育形成"白毛团",紧贴在胶布上,当穴口揭布时,会把"白毛团"菌丝一起带走,影响出耳。

将银耳封口专用胶布剪成3.3厘米×3.3厘米的小方块,斜面重叠成排,布边留1厘米,便于顺手揭布。打穴接种后,用毛巾擦去袋面残留物,将胶布贴封在穴口上,再用手指平压拉平胶布,使之紧贴袋膜上,穴口四周封严密实。如果封口胶布粘贴不紧,料袋灭菌时,会使水分渗透袋内,造成胶布受湿脱落,易引起杂菌侵入。

3.灭菌冷却 银耳料袋灭菌采用常压灭菌灶。灭菌灶可根据需要自行设计。料袋在灶内摆放要注意留空间,使气流自下而上畅通,蒸汽能均匀运行。料袋摆放完毕后罩紧薄膜,外加帆布或麻袋,然后用绳索缚扎于灶台的钢钩上,四周捆牢灭菌。

袋进蒸灶后,立即旺火猛攻,使温度在4小时内迅速上升到100℃后,确保灭菌灶内所有料袋温度达到 100 ℃ 开始计时,持续 8~10 小时,中途不停火,不掺冷水,不降温。在灭菌过程中,工作人员要坚守岗位,随时观察温度、水位和是否漏气。

达到灭菌要求后,待灶内温度降至 60 ℃ 以下时,可趁热卸袋,及时搬进已做消毒处理的接种室内,按"井"字形排放,每层 4 袋,交叉排叠,让袋温散热冷却。冷却时间,通常从料袋进房后 24 小时,直到手摸料袋无热感。

4. 接种

1) 菌种质量检测　按照 NY/T 749—2018《绿色食品　食用菌》,检测结果未检出除银耳、香灰菌以外其他菌种及生物,判定为菌种纯;检测结果若出现细菌、霉菌、酵母菌、螨虫或其他生物的其中一种或一种以上,为污染菌种,判定为菌种不纯。

银耳栽培种的多酚氧化酶活性的 OD 值在 0.2 以上,同时满足银耳栽培种的漆酶活性的 OD 值在 0.05 以上,则表明银耳栽培种的活力强;否则活力弱。银耳菌种的外观应具有白毛团色洁白,形状圆整、丰满,分泌液清亮,无浊液;香灰菌丝生长有力,分布均匀,分泌黑色素,瓶壁上出现黑色花纹。

代料银耳栽培应选择生长健壮、无杂菌污染、菌龄较短,白毛团出现时间早,色白而结实,挺拔有力,菌丝吃料不深,白毛团吐黄水快,胶质化快,香灰菌吃料 1/3~1/2 耳基就开始增大甚至开片的菌种。

2) 接种(图 3-9-1)　采用熏蒸法消毒,气雾消毒剂用量 5~10 克/米³,点燃烟熏 2~5 小时,或按每立方米空间用 40% 甲醛溶液 10 毫升,配 7 克高锰酸钾,混合进行气体消毒,达到无菌状态。

图 3-9-1　接种

银耳接种与其他菌类不同,接种前就必须进行上下反复搅拌均匀后,方可用于接种,否则必然造成有的接种穴长耳,有的接种穴只长菌丝不长耳。搅拌后的菌种还要掌握其菌丝吃料深浅,决定用种时间。菌丝吃料深达 4/5 的菌种,当日上午拌种,当天晚上可以用于接种；菌丝吃料深达 2/3 的菌种，拌种后可安排翌日晚上接种。拌种工序十分重要，两种菌丝搅拌均匀，出耳率高，且出耳时间快。如果银耳纯菌丝与香灰菌丝比例失调，香灰菌丝过量，会造成出耳时间推迟。若银耳纯菌丝过少，其结果只长香灰菌丝，而不长子实体。若上下搅拌不匀，两种菌丝与没有拌到下半部的培养基一起，则出现不长菌丝。为此拌种务必认真操作。选择合格的栽培种，在接种前 12~24 小时进行拌种。

拌种需要将白毛团去掉，将菌种上部约 6 厘米的菌丝体挖松，用接种铲将生长在表层的银耳菌丝与生长至料中的香灰菌菌丝充分搅拌均匀。菌种下部的菌丝及基质不含有银耳菌丝，应弃去不用。

接种室消毒后 4 小时即可接种。小批量生产可在接种箱内，大批量生产应在接种室内接种。一般 12 米² 的接种室，一次可容 1 500 袋。每穴接种量约 1.5 克，1 瓶菌种可接种 110~120 穴，即每瓶栽培种可接 3 穴袋的 45~50 袋，若接 4 穴袋的为 35~40 袋。

要求接入穴内的菌种比穴口低 1~2 毫米。接种的方法是，在无菌条件下，2 人配合操作，一人揭胶布，一人挖取菌种进行接种，放入穴内的菌种不宜过满，应低于胶布 0.3~0.5 厘米，以利于菌丝的萌发。

（二）发菌培养

接种后的菌袋按照"井"字形叠放，每层 4~5 袋，每堆叠放 10~12 层。

选择在无污染和生态良好的地区发菌培养。应远离食品酿造工业、禽畜舍、医院和居民区。培养室要求环境清洁，空气流通；培养室要求既能保温，又能通风，有一定散射光。墙壁刷白灰，最好加刷防火涂料；地面用水泥抹平、磨光为好。室内建造培养架，用于排放栽培袋养菌；培养室门窗安装防虫网，外盖遮阳网；选用无公害的药剂消毒，如用次氯酸钙药剂消毒，接触空气后迅速分解成对环境、人体及银耳生产无害的物质，并能消灭病原微生物。

接种后种块上最先萌发的是香灰菌菌丝，之后是银耳菌丝，在接种块周围扭结成团，形成子实体原基，原基发育之初为黄褐色透明的胶粒，逐渐成熟开片。菌袋接种后根据菌丝生长情况的变化，需要分阶段进行不同的管理。

1. 菌丝萌发定植阶段　接种后 1~3 天，是菌丝萌发定植的关键时期，为使菌种萌发定植正常生长，发菌室必须提前 24 小时进行消毒灭菌，保持发菌室干燥，空间相对湿度控制在 70% 以下。菌袋采取每 2 袋穴口对穴口重叠 2~3 层的方式。若是平地叠袋按每 4 袋并列，纵横交叉堆叠，层高不超过 1.5 米。早春或晚秋气温偏低，采取堆叠法，有助于提高袋温；若在气温稍高的秋季，宜 3 袋并列堆叠培养。

保护接种口的封盖物，发菌期间要适时检查接种穴上的胶布有无翘起，若发现翘起或脱落，应及时贴封好，防止病从"口"入。接种后，在菌丝未长满表层之前，不可打开穴口上的覆盖物，以免杂菌侵入。

接种后头 3 天的发菌期内，室温 26~28 ℃，不得超过 30 ℃发菌，促使菌丝萌发定植。用棉籽壳作培养基的菌袋，由于棉籽壳的纤维素多，袋温上升快，发菌期应注意袋温变化，及时调整，避免造成高温烧袋。发菌期若室温超过 30 ℃时，香灰菌菌丝生长过快，处于不正常状态，必须开窗通风，将温度调节到适宜的范围；若低于 23 ℃时，则菌丝生长缓慢，将延长发菌时间，这时需提高室温。有条件的可以利用暖气设备，农村则多采用煤炭火升温，但要注意排除二氧化碳等有害气体，以免损害菌丝体，引起后期烂耳。发菌期间管理工作的关键在于调温和防污染。因此，要根据气候的变化，准确地掌握好温度，尤其是南方诸省，在夏初及初秋栽培时，发菌期更应注意防止高温。

银耳虽然是喜光菌类，但发菌期一般只需要微弱的散射光或黑暗的环境条件为宜。发菌室玻璃窗常用黑布遮盖，弱光散射，避免阳光直射。

2. 菌丝生长发育期　菌袋经过菌丝定植发菌培养，菌种块萌发新菌丝，向接种穴四周扩展，形成芒状白色菌圈，直径5~6厘米，从此进入菌丝生长发育期，在气温25℃左右的适温环境条件下，菌丝日长速以0.3~0.5厘米延伸料中。这阶段一般需培养4~8天。

在管理上需要翻堆检查，清理受污染的菌袋。菌袋进行一次上下、里外翻动，认真检查袋壁及袋口，以及接种穴四周表面。随着菌丝的逐渐伸展，料温日益上升。为了避免温度偏高，进行"井"字形排袋，应扩大菌袋间距离，以利散热。室内进行通风更新空气，以适宜菌丝生长。

菌丝生长期间，由于袋温上升，室内温度要求比发菌期调低3~4℃，主要是打开门窗通风降温，以23~25℃为好。在气温高的秋季栽培时，更要特别注意通风降温，以免造成高温而伤害菌丝。

无论发菌期还是生长期，室内空气相对湿度均要求在70%以下。多雨季节，室内空气相对湿度常在80%以上，杂菌孢子容易萌发，并会从接种穴口胶布的小缝隙中侵入而造成污染。因此，湿度高和多雨季节菌袋培养应注意通风，促进空气对流，降低室内空气相对湿度，一般需要每天2次通风，每次10分。

这一阶段仍需要避光培养，防光线直射。耳房朝阳方向需挂遮阳网，窗口应安装网纱，外用草帘遮阳，防止阳光直射，通风时也应关好纱窗。但也不能为避强光而把门窗遮得不透气，这样也不利于菌丝生长。清理的污染菌袋应及时搬离培养室。菌丝培养要求见表3-9-1。

表3-9-1　菌丝培养要求（引自 GB/T 29369—2012）

培育天数	生长状况	作业内容	环境条件要求			注意事项
			温度（℃）	湿度（%）	通风	
1~3	接种后，菌丝萌发定植	菌袋按"井"字形重叠，室内发菌，保护接种口的封盖物	26~28	自然	不必每天通风	避光培养，室温不得超30℃
4~8	穴中突起白毛团，袋壁菌丝伸长	翻袋检查杂菌，疏袋调整散热	23~25	自然	2次/天，10分/次	避光，通风时关好纱窗，检出有病虫害的菌筒，并用干净的塑料袋装好，搬离菌丝培养室

(三)菌袋转房排场

菌袋经过发菌培养，菌落直径可达到8~10厘米，菌丝生长逐步旺盛，新陈代谢活力增强，产生的二氧化碳浓度也随之增加。此时需要吸收外界氧气，排出二氧化碳，以满足菌丝生长发育的需求。因此，菌袋必须由原来发菌室及时搬进出耳房，进行疏袋排放，即在培养架上进行出耳管理。

1)场所消毒　无论是室内耳房或是野外耳棚，在菌袋进房前3天，应进行一次室内外消毒灭菌。房内消毒应选用经农药合法生产企业的产品。常用66%二氯异氰尿酸钠烟剂(烟雾消毒)。施用时，空气相对湿度要求在85%以上，明火点燃产生气雾杀菌，耳棚四周环境清除杂草，并喷洒石灰粉消毒，然后开窗更新空气。

2)掌握菌龄　菌袋转入长耳湿房的时间一般从接种之日起，在适宜温度条件下经过10天左右的培育，菌丝已伸展至接种穴胶布边，菌丝圈直径达10厘米，穴与穴的菌圈互相连接，达到这个标准时，应把菌袋从菌丝培养室转入子实体生长房或耳棚内。即菌袋接种后发菌干燥房转入长耳湿房。如果培养期间气温低，菌丝生长没达标，还要延长1~2天；气温稍高时提前1~2天。

3)排袋方式　菌袋进入耳房后，应及时排放于培养架上，采取卧式排放。袋与袋之间距离3~4厘米，以利于散热；4.3米宽的耳房，靠房壁两旁的菌袋一端要离壁15厘米，以利内向空气流动，耳片舒展，避免因通风不良，展片差，朵形变态。

4)温湿度控制　这一阶段温度控制在22~25℃，空气相对湿度为75%~80%，每天通风3~4次，每次10分，需要随时注意防虫网密闭，保持栽培房内外的环境清洁。

(四)原基分化期管理

菌袋经过转房排场后，菌丝发育加快，大量吸收基内营养后开始分泌色素。黑色斑纹的菌丝舒展有力，不断驱赶浓白菌丝，逐渐由白色变为黑色云斑的菌丝体。此时菌丝呼吸旺盛，生理上需氧量加大，单靠穴口通气量小，不能满足要求。为此必须及时开孔增氧，以满足幼耳生长发育对氧气的需求。按照正常的管理，在接种后13~19天进入这一阶段。

在开孔增氧这个环节上，最早是采取先把穴口胶布揭起一角，并皱成半圆形小口，当穴内白毛团显现胶质化，形成原基时，再把胶布撕掉，然后进行割膜扩口，第二次改革是穴口不揭不撕胶布，采取割膜扩穴时一次性完成。近年来，又创新一次不割膜扩穴，而是采取袋旁划线增氧。

1. 圈割扩穴增氧法　菌袋接种后经培养15天左右时进行。但在这道工序操作前，应注意观察菌丝长势，选择适宜气温，注意时限，不可误期，否则袋内缺氧，菌丝生长欠佳。秋季气候干燥，如延期扩穴，会出现白毛团疏松，致使出耳不齐，或因缺氧导致菌丝衰竭，出耳后将发生烂耳。

割膜扩穴应掌握袋内菌丝发育占整个袋面2/3，表面菌丝呈黑色，底部菌丝白色；菌丝两边尖端已出现连接的走势。达到这个标准时，即可把穴口上的胶布在割膜扩穴时一起去掉。

扩穴时右手提菌袋，穴口朝上；右手提刀片，顺手沿着穴口的边缘，圈割去袋面的塑料薄膜宽1厘米左右,连同穴口胶布一次性去掉,使穴口直径达4~5厘米。若扩口过大,出耳后会引起耳基增大,影响品质;若扩口过小,影响袋内菌丝透氧,对长耳不利。割膜扩口时,切勿割伤菌丝体。通过扩大穴口,使基内增加氧气,促进幼耳顺利生长。

2. 袋旁划线增氧法　划线增氧法即菌袋穴口旁边割破薄膜增氧,取代穴口圈割扩穴增氧的一种新工艺。划线增氧法的优点是:银耳子实体蒂头小,朵形美观;子实体基部距离袋膜不粘连,可避免绿霉侵染;同时操作方便。划线技术掌握3点:

第一,以菌袋接种后正常温度条件下培养15~16天,撕去穴口胶布,覆盖报纸或无纺布,喷水保湿6~7天,穴口子实体已现食指大时进行划线。其菌龄也就是接种后21~23天,进行划线工序。春栽气温高,菌丝生长发育快,可适当提前1~2天进行划线。

第二,对准菌袋穴口侧向,两旁居中位置,用刀片各划一条裂缝。划线长度掌握3厘米左右,深度以割破袋膜,而不伤菌丝为适。

第三,这一阶段菌丝基本布满菌袋,淡黄色原基形成,原基分化出耳芽,需要控制温度在22~25℃,空气相对湿度为90%~95%,每天通风3~4次,每次30分。

（五）幼耳发育管理

菌袋经过割膜增气后,菌丝由营养生长转入生殖生长,也就进入原基分化,幼耳生长发育阶段,这一阶段耳片直径3~12厘米,耳片未展开,色白,幼嫩,生长不够整齐,在管理技术上主要掌握以下几点。

图3-9-2　盖纸喷水

1. 盖纸喷水（图3-9-2）　扩口后要立即用整张旧报纸覆盖菌袋上面,并喷水保湿。目的是防止穴口"白毛团"露空,由小气候转入大气候培养后被风干,影响原基形成。操作时,注意把菌袋一袋挨一袋地侧势排放,使穴内多余黄水自动流出穴外,还可避免"白毛团"粘连在纸上。盖纸后用喷雾器喷水于纸面上,保持湿润,以不积水为度。每天必须掀动报纸1次,使空气新鲜;同时也防止"白毛团"粘在纸上,引起烂耳。当幼耳长至

1.5~2厘米时,把袋面覆盖的报纸取出,置于阳光下晒干,趁此时让幼耳露空,适应自然环境12~24小时,然后再覆盖喷水保湿。盖在袋面的报纸应在幼耳长至直径4厘米左右时取掉,此时子实体生长加快,需水量大,报纸取掉后,直接微喷于子实体上。耳黄多喷水,耳白少喷水。

2. 处理黄水　开口后穴上出现黄水珠,这是菌丝新陈代谢、生理成熟过程中的分泌物,属于正常的现象。处理黄水珠的办法是把菌袋侧放,使穴口朝向一侧。这样,黄水会自然流出穴外。同时应把室内温度调至24~26℃,则黄水量自然会减少。

3. 通风换气　适当控制氧气和通风,每天开窗通风3~4次,保持耳房内空气新鲜,干湿交替,使原基在潮湿清爽的环境下,分化成幼耳并逐步长大。通风要根据栽培季节和出耳时间灵活掌握。需要注意的是幼耳期因室内的空气相对湿度偏低,若不是为了降温和排湿,不宜频繁开窗。氧气充足会使幼耳发育过快,影响产量和质量。通风时间20~80分。气温极高时,采取白天关闭门窗,不让热风吹进耳房内;早晚打开门窗,长时间通风;低温季节通风,宜选择在10:00~16:00进行,但要缩短通风时间,每次控制在15分左右即可。

4. 保湿养耳　子实体生长阶段所需的水分,除了靠基质所含水分输送外,大部分需靠喷水加湿来提供。幼耳期湿度宜偏低,在其他条件适宜的情况下,适当降低空气相对湿度,可以促使银耳生长整齐。幼耳期室内空气相对湿度控制在80%为宜。空气相对湿度低于75%,容易使幼耳萎缩发黄;空气相对湿度高于85%,会出现开片早,展片不均匀,产量低和朵形不好等问题。子实体生长阶段所需水分,以微粒状雾化为好。子实体长到5厘米时,要用重水催耳,使空气相对湿度达到95%,5~6天,银耳即可迅速长大。每天喷水次数和多少要根据气候和耳片情况决定。

5. 控制适温　子实体生长期室内温度以23~25℃为佳。若高于30℃,耳片疏松肉薄,容易烂蒂;低于18℃,耳结蕊多,展片不良,但温度低于22℃,耳片变薄,长期低温,会导致幼耳萎缩、不开片或腐烂。春、秋季自然气温适宜,培育室可以全天打开门窗,使气流顺畅,空气新鲜;晚上气温低于18℃时,应关闭门窗保温。夏季气温高时,长耳期间也可把菌袋搬到林荫下、地下室、防空洞和地沟等阴凉环境中培养,使子实体正常生长。冬末、早春气温低,栽培时可用电炉、红外线或用煤炭火加温。采用煤炭火加温时,要注意通风,排除二氧化碳等有害气体。

6. 结合通风,增加光照　子实体发育成长阶段,室内必须有散射光照。一般光照度300~500勒,也可以在耳房内安装日光灯照射。这样展片快,耳片肥厚,色泽鲜白,产量高。如果室内黑暗,子实体发育将受到抑制。冬季栽培时,有些耳农为了保温,紧闭门窗甚至挂上棉帘,以致室内光照不足,影响子实体的正常发育。因此,冬季一定要增加适量光照时间,以利于子实体健康生长。

（六）成耳停湿造型

银耳进入成熟期,一般在接种30天后,子实体直径可长到12~16厘米。从进入成熟期开始直至采收,通常需要6~10天,这期间对环境条件的要求与子实体生长发育期不同。要使子实体展片和旺盛生长,达到朵大,形圆整,展片整齐美观,就需要人为进行

科学操作,具体措施如下:

1. 停湿造型 子实体进入成熟期并形成担孢子时,如果空气相对湿度过大,会引起霉菌发作而烂耳。因此,必须停止喷水,空气相对湿度保持85%左右。停湿后,子实体所需的水分,主要靠菌丝体从培养基内加紧吸收输送,使其基内养分、水分在短期内全部被吸收降解;同时,停湿后可使子实体尚未伸展的耳片继续向外发育;而已成熟的耳片,因外界水分缺乏而停止生长。这样促使耳片长势平衡,银耳朵形圆整美观,耳片肥厚、疏松。停湿后进入成熟期。通常采耳前5~7天,停止喷水,保持湿润即可,以利于提高产量。

2. 加强通风 成熟期呼吸作用旺盛,必须增加通风量,使室内空气保持新鲜,子实体有足量的氧气。特别是雨天,通风不良,湿度偏大,容易造成烂耳。春、秋季自然气温恒定在23~25℃时,应整天开窗通风;晚间气温下降时,要闭窗保温。早春、秋末气温较低,应在保温的前提下,每天通风3~4次,每次30分。

3. 引光增白 银耳子实体进入收获期时,除停湿通风外,还需要一定光照。光线可以促进耳片色泽增白,同时阳光中的紫外线对附着在耳片上的霉菌、细菌有杀灭作用。为此,每天8:00~10:00应打开门窗,让阳光透进耳架,照射子实体,促进耳片色泽鲜白,耳片增厚,提高商品质量。

4. 控温防害 子实体停湿期温度保持在23~25℃为宜。如果低于22℃时,容易引起蒂头淤水碎烂。早春或晚秋气温低时,采取电热升温或在室外烧火,热源通过火坑使室内升温。注意不要在室内用煤、柴、炭明火加温,以免二氧化硫气体袭击子实体,引起产品污染。超过25℃时,加强通风,保持耳房空气新鲜,确保停湿期不烂耳。

菌袋接种后发菌培养、划线增氧诱耳及子实体生长发育管理新技术日程控制见表3-9-2。

表3-9-2 栽培管理要求(引自 GB/T 29369—2012)

培育天数	生长状况	作业内容	环境条件要求			注意事项
			温度(℃)	湿度(%)	通风	
9~12	菌落直径8~10厘米,白色带黑斑	栽培房消毒,床架清洗晾干,菌袋搬入栽培房排放床架上,袋距3~4厘米	22~25	75~80	3~4次/天,10分/次	栽培管理整个过程随时注意防虫网密闭,保持栽培房内外清洁
13~19	菌丝基本布满菌袋,淡黄色原基形成,原基分化出耳芽	割膜扩口1厘米,覆盖无纺布,喷水加湿,保持湿润	22~25	90~95	3~4次/天,30分/次	
20~25	耳片直径3~6厘米,耳片未展开,色白	取出覆盖物晒干后再盖上,喷水保湿	20~24	90~95	3~4次/天,20~80分/次	耳黄多喷水,耳白少喷水,结合通风,增加散射光

培育天数	生长状况	作业内容	环境条件要求			注意事项
			温度（℃）	湿度（%）	通风	
26~30	耳片直径 8~12 厘米,耳片松展,色白	取出覆盖物,喷水保湿	22~25	90~95	3~4 次/天,20~30 分/次	以湿为主,干湿交替,晴天多喷水,结合通风
31~35	耳片直径 12~16 厘米,耳片略有收缩,色白基部呈黄色,有弹性	停止喷水,控制温度,成耳待收	22~25	自然	3~4 次/天,30 分/次	保温与通风
36~43	菌袋收缩出现褶皱,变轻,耳片收缩,边缘干缩,有弹性	采收				

（七）采收与干制

子实体成熟后,应适时采收。成熟的标志是耳片完全展开,中部无硬芯,叶片舒展,有弹性,并有黏腻的感觉,直径一般较大,可达到 10~12 厘米。采收之后的银耳烘干或鲜品销售,应根据需要及时处理。

1.子实体成熟特征 银耳的采收与加工,是保证产品质量和经济效益的重要一环。适时采收,科学加工,可以获得高质量的产品和更高的经济效益。

图 3-9-3 成熟银耳

成熟银耳(图 3-9-3)的标准是:耳片全部伸展,疏松,生长停止,没有小耳蕊;形似牡丹花或菊花,颜色鲜白或黄,稍有弹性。子实体直径可达 10~15 厘米,鲜重 150~250克,子实体成熟后,会散发出大量白色担孢子。子实体完全成熟,菌袋内养料已被分解消耗,重量较轻。

2. 采收方法　银耳子实体充分伸展,达到完全成熟,符合上述标准时一次收割完毕。银耳采收时,应注意以下事项。

1)晴天采收　晴天上午采收,有利于及时加工,若收获期遇雨天,可继续停湿保留在耳房内,延长管理时间 5~7 天,待天气晴朗后再采收,加强通风,防止烂耳。

2)整朵收割　采用锋利刀片,从耳基部位沿着菌袋薄膜削平,整朵割下,并挖去蒂头的杂质。收割和挖蒂时,均要小心,切勿损坏朵形。

3)保持清洁　采收时,防止基内菌渣黏附在耳片上。采割下来的银耳放在干净的塑料筐内,轻采轻放,切勿重压。

3. 干制　市场货架上的代料银耳干品,按其形态分为整花鲜银耳、小花鲜银耳。整花鲜银耳是鲜耳削除耳基,经浸泡漂洗,朵形完整的商品;而小花鲜银耳是经瓣分呈小花状的鲜银耳子实体。

银耳的烘干设备包括热风炉、蒸汽锅炉、热交换器等。干制的流程主要包括摊晾、削耳基(小花银耳瓣分)、吸水、清洗、排筛、烘干、出厢、包装和储存等环节。

不同类型的银耳产品烘干的阶段和时间有不同的要求,烘箱底部温度 70~80 ℃,在烘烤 2~4 小时后需要将烘筛的位置进行调整或将银耳产品翻面,使产品均匀受热干燥。

采收结束需要清洁耳房,及时把废袋搬离耳房,同时清理残留物,打开门窗通风 3~4 天,让阳光直射房内,并进行消毒,以便迎接新的菌袋入房培养。

采后的废料应收集放于干燥处,通过废筒脱膜粉碎分离机取料,可与其他原料适量混合用于栽培金针菇、竹荪和毛木耳等,或用作燃料、饲料和肥料。

(八)营养管罐栽培技术

营养罐是近代银耳进入工厂化生产的一种新型栽培容器,以聚丙烯(PP)为原料,通过模具热注成型,具有透明、耐光、耐高压的特点。罐高 18 厘米,直径 8.5 厘米,罐中间螺纹旋合,下半部高 9 厘米,装栽培养料。每罐装干料量 160 克;上半部高 9 厘米,其罐顶中心设通气口高 1 厘米,口径 3.5 厘米,装有海绵过滤片,配有塑料口盖,每罐长耳 200 克。营养罐栽培实际是 HACCP(即危害分析及关键控制点)体系在银耳有机栽培中的应用,实现工厂化、标准化生产。

1. 培养基　按照有机食品的要求,选择主要原料、辅助营养料和添加剂,以及水等,事先通过检测砷、铅、镉、汞含量,以及农药残留量不超出规定的范围。原料再经暴晒等处理。具体配方:阔叶树杂木屑78%、麦麸18%、玉米粉2%、蔗糖1%、石膏粉1%,水与料比为 1 :(1~1.15)。将上述培养料搅拌均匀,含水量60%左右,pH 6~7。由于营养罐内长子实体,自始至终不喷水,所以培养基含水量一次性配制达标。尤其在夏季空调条件下培养,含水量要适当提高一些。

2. 装料灭菌　装料采用 GXZP-6000 型自动装料机,每台时生产功率 6 000 瓶,是近代自动化程度较高的罐瓶装料机械设备。将营养罐装入周转筐内，装量24罐，罐口对准输料筒口，一次装成24罐。手工装罐时，先将罐集中排放，将料撒放于罐面，并用竹扫来回拖动，使料落罐，再提起在掌中扣实；同时填料至离罐口2厘米左右，再扣实。每罐装干料量160克。然后在料中央打一个深2~3厘米的接种穴，顺手封好罐盖，清理罐面残料。装料后置于高压杀菌锅内，在蒸汽压力0.1兆帕(121℃)下保持1.5小时，或常压灭菌上100℃保持16小时，然后卸出冷却。

3. 接种发菌　待料温降至28℃以下时，把罐搬进无菌箱内。接种时打开罐盖，将银耳菌种迅速通过酒精灯火焰接入罐内穴中，略向料面低1厘米，顺手封盖。然后搬进培养室内发菌培养3天，室温24~28℃，空间相对湿度在70%以下，散射光照，适当通风。

4. 揭盖罩罐　经发菌培养5天，穴口白毛团涌现，将罐盖去掉，把上半部透明罐罩上，并顺螺纹旋紧。去盖换罩应在无菌环境条件下进行。

5. 控温培养　营养罐栽培银耳从接种后到成耳出品，需30天左右。管理上主要控制好温度。接种后菌丝萌发定植后，第五天揭盖时，以23~26℃为好。揭盖罩罐3天后适当调低3℃，刺激1~2天，有利于诱发原基。10天之后掌握在23~25℃，不超过28℃。一般接种后13~15天原基形成碎米状耳芽，伴有棕色水珠，逐日长大。空气相对湿度70%~75%，每天早晚通风换气，室内要求清洁、干燥、凉爽，光照度300~600勒。

6. 成品运销　营养罐银耳成熟期，应掌握子实体直径6~7厘米，色洁白，晶莹透亮，耳片舒展无结芯，朵形美观为标准。成品按每24罐或32罐纸箱包装，采取低温流通，冷藏起运，保鲜商品橱展销。食用时旋开罩盖，整朵割下，凉拌、炒煮，细嫩清脆，搭配荤素皆宜。银耳采割后将罐底打洞，利用罐内废料栽种花卉，或取料作花肥施用。

（九）安全罩栽培方法

所谓"安全罩"是由聚丙烯塑料袋制成，在塑料袋下半部或底部开一个2厘米×3厘米方块状的通气口，用过滤纸封口，达到既能过滤空气，又防止灰尘和蚁虫进入的目的。这是在无公害生产的基础上，按照绿色和有机栽培要求进行生产。其特点是菌袋接种培养生理成熟后，进入子实体生长时，揭去袋盖，套上薄膜安全罩。每袋长银耳一朵250克，运输轻便，成本低。具体方法：

1. 料袋制作　采用棉籽壳、麦麸、石膏粉为原料，按袋栽常规配方，加水拌匀，含水量55%~60%。选用15厘米×25厘米聚丙烯原料的成型折角袋，每袋装干料175克左右，袋口用塑料套圈加盖。装袋后置于高压锅内灭菌，在蒸汽压力0.1兆帕下保持3小时取出冷却后，按常规无菌操作，接入银耳菌种，并盖好塑料盖，移入培养室发菌培养。

2. 菌丝体培养　培养室内保持清洁干净，室温控制在23~25℃，每天通风1次，每次1小时左右。经过15天左右发菌培养，丝菌长满袋，料面出现的"白毛团"即将形成原基时，揭去塑料盖。

3. 套捆安全罩　套罩时去掉菌袋上的塑料盖，套上"安全罩"。在套罩与营养袋连接处，用橡皮筋扎紧封闭，然后把菌袋摆上培养架，让其自然生长发育。

4. 控温管理长耳　在子实体形成与发育阶段培养管理技术上，主要掌握好室内温度控制在23~25℃，不超28℃，不低18℃。随着菌丝生长发育，袋温升高，此时注意疏袋散热,袋与袋之间距离2~3厘米空隙;每日通风1~2次,每次30分,保持室内空气清新,并引进散射光,促使展片良好,色泽鲜白。

5. 产品上市　套罩后一般培育20天左右,即菌袋接种后35天,子实体生长达到直径15厘米左右的,即可带袋包装上市。在28℃以内常温下货架期15天,4℃保鲜柜货架期1个月以上,未采收之前不可打开"安全罩",避免子实体露空变质。

(十)斜架与吊袋栽培

1. 斜架袋栽法　近年来有的地区菇耳采用斜架栽培法,能明显减少烂耳,并可降低设施投资,空间利用率提高25%~30%。斜架栽培的床架为立式三角形。床架高2.2~2.5米,架顶夹角为30°左右。每层间距42~50厘米,共4~6层。近墙处的单面架斜靠墙上,中间用"人"字形双面架。接种后的耳袋,从下层依次向上排放。耳袋的上端用细小尼龙绳吊在上一层横放的竹竿上,下端斜放在下一层横放的竹竿上,接种穴口向外。每层的上横竹竿,又是上一层耳袋斜放的支竿。耳袋排放结束后,形成排满耳袋的斜墙面。

室内管理基本上与常规层架袋栽相同。上架后培养室温保持在24~28℃,空气相对湿度为65%,培养5~7天后,菌丝伸展到4~5厘米时,用消毒过的缝纫针在穴位上下两侧扎针刺孔通氧,并覆盖经过消毒的报纸或牛皮纸。当耳袋各穴孔菌丝基本连续时,掀动穴口覆盖薄膜进行通风,使薄膜成皱形。幼耳长到4~5厘米时,去掉覆盖纸,喷水管理,至成熟采收。

2. 吊袋栽培法　银耳吊袋栽培设施简单,投资少,空气对流畅通,上下层温差较小,能避免因积水引起的烂耳。具体方法如下。

1)搭架　栽培架由2根立柱和4根横杆组成。立柱长2.5米,直径5~8厘米,埋在栽培室外的土中深20厘米左右,间距0.9~1米。埋柱之前,在每根立柱的同一侧,于距下端95厘米、140厘米、185厘米、230厘米处各钉一根10厘米的铁钉,用于搁放横杆。横杆长1~1.05米,其直径以能承受20多千克的负荷为度。在每根横杆相对的两侧面,各钉一排6~8厘米小铁钉,间距为9~10厘米,每侧10个,用来悬挂耳袋,每杆可挂20袋。栽培架的数量,视栽培室大小而定,相邻两架间留60~70厘米宽的操作道。一般3米×3米的栽培室,中间留0.9~1米宽的操作道,两边可设5架,能吊挂800袋。非专业性生产,只用几根竹竿,用支架架高75~80厘米,挂上耳袋后,用薄膜围护以保温保湿,便可成为简易栽培室。

2)菌袋制作　培养料配制、灭菌、接种均按常规方法操作。为便于吊挂,在耳袋的一端留长10~15厘米尼龙线。线头留扣结,以便吊挂耳袋。

3)吊袋出耳　接种后将耳袋直接吊挂在事先经过消毒的栽培室内架上。1~5天室内保持室温28~30℃,5~12天降至25~26℃,空气相对湿度不超过65%。12天后至出耳前,温度调为23~25℃,空气相对湿度在75%左右。若温湿度适宜,12天后菌丝已在袋面长满,应揭开胶布,开孔增氧。孔口应向地面,待接种口吐黄水时,再把胶布缝隙揭大。黄水要及时用脱脂棉吸干。出耳后揭去胶布,空气相对湿度初期控制在85%~90%;随着幼耳长大,逐步增加到95%,室温控制在23~25℃。培养前期可轻微通风,以后逐渐加大通风量,增加氧气。子实体呈白色半透明时即可采收。

银耳　生产能手谈经

向读者介绍几种银耳常见的病原菌、他(杂)菌及害虫的诊断方法和防控技术，以期能收到良好的效果。

银耳生产栽培过程中,常会遭受病原菌、他(杂)菌及害虫危害。据统计,因病原菌、他(杂)菌及害虫造成的产量损失在 20% 以上,因此,对病原菌、他(杂)菌及害虫危害的防控是保证生产栽培效益的重要环节。

代料和段木银耳栽培模式有较大差异,但对银耳病虫、杂菌危害防控的基本原理一致,基于食用菌病虫、杂菌危害发生的特点,应尽量不使用或少使用农药,提倡预防为主、综合防治的措施。防控的阶段涵盖了生长发育的全过程,从环境的选择、原料的准备和配制、装袋灭菌、接种和出耳管理,任何一个阶段的疏忽都会造成病虫、杂菌的滋生和生产栽培效益的下降。

第一,栽培环境选择严格按照生产规范执行;第二,培养室干燥、保温、通风,门窗安装 60~80 目防虫网;第三,栽培房保温、保湿、设置墙、天花板、窗和门、通道、屋顶、缓冲道调温设施、栽培床架等,门窗安装 60~80 目防虫网,缓冲道还需安装杀虫灯。

（二）原料的控制

银耳生长发育所需要的原料均来自培养基质,栽培基质对银耳生长有直接的影响,原料不合格,影响菌丝的生长,对病虫杂菌的抵抗能力也相对较弱,容易发生各种病虫杂菌。

原料要求不含有影响菌丝生长的有害物质,无虫、无螨、无霉变、无腐烂,不使用来源于污染农田或污灌区农田的原料。原料使用前应暴晒 2 天,杀死其中的杂菌菌丝、孢子和虫卵。木屑经堆制发酵后使用效果更好。

（三）生产栽培管理中的控制

1. 制袋环节 选用合理配方,保证银耳生长过程中所需的各种营养需求。栽培基质中必须包含银耳菌丝生长和子实体发育所需要的全部营养物质,充分满足银耳菌丝生长对水分、pH 和氧气的需求,使银耳菌丝生长健壮,对病虫杂菌的抵抗能力较强。

保证灭菌菌袋的无菌程度,使用的菌袋韧性要强,无微孔,封口要严,防止破袋。灭菌彻底与否决定了菌袋污染率的高低,为了保证栽培基质的无菌程度,应注意使用质量较好的聚乙烯袋,韧性强,封口严,无微孔,菌袋码放留有热蒸汽流通的通道,避免灭菌死角。

菌种纯度高,活力强。使用合格的菌种是保证栽培效益的前提,菌种不含有杂菌和螨虫等,菌龄适宜,不使用老化、退化菌种。菌龄过小,也会对产量造成影响。代料栽培中,菌龄不足的菌种接种后,在接种穴表层与底层同时出耳,消耗大量营养,影响产量。

规范接种程序,严格无菌操作。使培养料菌丝生长质量提高,菌丝自身抵抗力增强。

适宜的条件培养。接种后的菌袋如果在温度过高环境中培养,将影响银耳菌丝的活力,表现为香灰菌菌丝旺盛,白毛团细小,胶质团虽正常,但瓶壁羽状菌丝出现许多白点,产量较低,出耳慢,接种穴内无白毛团,不出耳。培养室光线过强,将抑制银耳菌丝的分支与生长。通风不佳,银耳菌丝与香灰菌丝均稀疏,子实体小而黄化严重。

灭菌前后的空间相对分隔,以防止已消毒灭菌物品与未消毒灭菌物品混杂。

及时清理污染的菌袋,科学处理,切断杂菌污染源。

2.出耳环节　尽可能地采用正压防污染策略,防止杂菌或害虫进入培养室。

能保证正常出耳的条件下,适当降低耳房内的湿度、增加通气量,有助于减少病菌的生存条件。

采耳后及时清理残耳、断根,清除污染菌袋,保持耳房清洁,降低病虫滋生的条件。

（四）常见病原菌病害的防控方法

1.木霉　病原菌为木霉属真菌,常见种类有绿色木霉和康氏木霉,绿色木霉又称绿霉。木霉菌丝和孢子广泛分布于自然界,通过气流、水滴侵入寄主,孢子萌发后,菌丝生长迅速,适宜条件下,几天可布满料面,远远快于银耳和香灰菌菌丝的生长,是银耳生长中最常见的病害杂菌。在银耳菌袋、子实体和段木上均可发生木霉的危害,特别是高温、高湿的环境,极易发生木霉的侵害,危害较为严重。

1)危害症状　木霉是竞争性兼寄生性的病原菌,可迅速分解富含淀粉、纤维素和木质素的栽培基质,也能寄生生活力不足的菌丝或子实体。菌落初期白色,菌丝致密,向四周扩展,菌落中央产生绿色孢子,最后菌落变为深绿色或深蓝色。木霉分泌的毒素可以使菌丝生长受到阻碍,使菌丝萎缩、泛黄或消失,同时木霉的菌丝也可缠绕、穿透银耳菌丝,造成菌丝的破坏和死亡。在代料栽培中,银耳子实体受到侵染后,子实体变黄,逐渐在银耳表面产生白色菌丝,随后产生绿色的霉层,最后死亡。银耳受木霉侵害如图3-10-1所示。

图3-10-1　银耳受木霉侵害

2）防控方法　木霉病害的防控主要注意以下几点：第一，使用合格菌种，菌种带有杂菌是造成后期污染的原因之一。第二，保持适温发菌，降低因高温对菌丝的伤害，避免灭菌后降温时的温差过大引起的空气流动带入杂菌。第三，出耳期注意通风换气，适当降低湿度。第四，做好环境卫生，及时清理受污染的菌袋。

　　段木栽培中，当耳杆上有少量绿霉出现时，注意棚内经常通风透气，即可控制绿霉继续发生。如耳杆上绿霉严重，可将耳杆移出耳棚，用水冲刷干净，放阳光下暴晒1~2天。如果十分严重，绿霉已侵入木质部，要用刀刮削，再涂上生石灰水或5%的硫酸铜溶液即可达到好的效果，还可用浓度为0.1%的多菌灵溶液涂抹，晾干后，再喷水管理出耳。如果通过上述办法均无法控制，要将耳杆迅速焚毁。同时注意做好栽培耳棚周围的环境卫生，通风降温，子实体及时采收，在发病初期，可以用1∶500倍的25%多菌灵或1∶800倍的70%甲基硫菌灵。

　　2. 瓦灰霉　瓦灰霉常见于段木银耳栽培中（图3-10-2）。据刘勇等鉴定，引起段木银耳瓦灰霉的主要病原菌为球黑孢霉，属半知菌亚门、丝孢纲、暗色菌科、黑孢霉属真菌。瓦灰霉与银耳共同生长在段木上，当日平均温度达15 ℃以上，空气相对湿度达100%时开始发病，随着温度的升高，病害蔓延加快，流行的最适温度为25~28 ℃，超过32 ℃病害发展缓慢。银耳采收后，瓦灰霉菌在废弃段木、耳棚泥土及四周墙壁上越冬。在耳杆接种"发汗"期间，由于高温、高湿的双重作用，病菌从休眠转化为萌发状态。

图3-10-2　银耳段木上的瓦灰霉

　　1）发病症状　耳杆移入耳棚后，若温湿度适宜即开始发病，耳杆上长出白色菌丝，出现类似"瓦灰"样的粉状物，导致银耳逐渐萎蔫变黄、变小，耳棚内无清香味，带明显的酸味，发病越重酸味越浓。当发现耳杆有酸味，长有瓦灰霉时，应立即将其选出耳棚外隔离管理,发病较重的用火烧掉,防止传染。此时特别注意加强耳棚通风透气,防止闷热,保持空气新鲜流通。

2)防控方法　接种前选用42%噻菌灵胶悬剂1 000倍液浸杆或涂抹耳杆,可减少段木的瓦灰霉菌和杂菌量,以利银耳菌丝和香灰菌菌丝正常生长发育。在银耳生长期用咪鲜胺锰盐1 000倍液涂抹耳杆两头,有较好的防病增产效果,但对耳杆直接喷雾有药害。同样,用噻菌灵抹杆,浓度高达60倍也无药害,而直接喷雾药害也较重。因此,在银耳生长期使用药剂处理耳杆,不喷雾,可以涂抹耳杆两端,以抑制病害,提高银耳产量和品质。

3. 顶孢头孢霉　俗称白粉病,病原菌为顶孢头孢霉。在高温多雨的季节,闷热、高湿、通风差、耳棚内积水多,容易造成该病的大量发生。

1)发病症状　在银耳子实体或耳基周围特别容易发生。在被侵染的银耳耳片上,表面密生一层白色粉状物,逐步使耳片僵化,停止生长,后期使银耳耳基变成深褐色,此病传播力极强,病耳采收后,新长出的耳片常会出现同样的症状,是一种严重危害银耳的病菌。

2)防控方法　在耳棚周围深挖沟,避免耳棚积水,加强通风,降低空气湿度,保持耳杆适当干燥。此病传染性强,要及时治理,出耳前,使菌丝在耳木内充分发透,在耳棚周围喷50%硫菌灵可湿性粉剂500倍液,每平方米用药液0.5千克,可预防该病的发生。出耳后,加强耳棚通风、防止闷热、高湿,可减小危害。如有少量白粉病出现,幼耳喷石硫合剂,控制蔓延,成耳需提前采收,并用刀将耳根剜去,涂以浓度为0.5%石炭酸溶液(苯酚),或用75%百菌清可湿性粉剂1 000倍喷雾1次。如果整根耳杆感染,要将病杆扔出耳棚烧掉,以免传染。

4. 链孢霉

1)发病症状　杂菌孢子通过接种穴、菌袋微孔或料袋系口侵入,菌丝稀疏,污白色,生长迅速,无性阶段为丛梗孢属,产生白色、浅黄色至浅橙色的孢子堆,菌袋污染部分不能正常出耳,且传染性极强,有性繁殖产生子囊孢子。在高温高湿的季节生产菌袋,操作不慎,极易产生链孢霉的危害。一旦侵入,2~3天即可产生孢子团穿透菌袋封口,并随着空气或操作人员、虫媒等传播。

链孢霉在自然界广泛分布,病原菌耐高温,在25~35 ℃下生长迅速,培养基含水量60%~70%长势较好,在密闭的瓶内菌丝生长稀疏。受到链孢霉侵染的菌袋,病原菌分泌的代谢产物会影响菌丝的生长,导致幼耳的死亡。

2)防控方法　链孢霉的防控与木霉的防控相同。强调发菌场所的清洁,发现个别的菌袋长出链孢霉的菌丝,立即用消毒液浸湿的毛巾或报纸套上,深埋或放入灶膛烧毁。

5. 浅红酵母菌,俗称红银耳病。

1)发病症状　病原菌为浅红酵母菌,在银耳出耳季节,耳房内高温、高湿和通风不良的条件下,耳片局部变为红色,逐渐扩大至整个子实体,颜色变红,耳基失去再生能力。该病害传播较快,数天可致整个耳棚被侵染,病原菌主要通过雨水、昆虫和操作人员的不规范操作传播,夏秋季高温25℃以上,出耳房高湿和通风不良的条件下,容易导致该病害的大量发生。

酵母菌广泛分布于空气、植物残体和水中,在高温、通风不良、含水量高的基质上发生率较高,不同种类的酵母菌,污染菌袋后的色泽不同。在银耳段木栽培中,常见红色的污染类群。

2)防控方法 控制耳房的温度,尽量在25℃下出耳管理,做好环境卫生,发病前喷施新洁尔灭、土霉素预防,用2%的过氧乙酸消毒耳房,可以预防该病的发生。发病后喷施3%的高锰酸钾可控制红银耳病的蔓延。

(五)常见他(杂)菌的防控

1. 裂褶菌(图3-10-3)

图3-10-3 银耳段木上的裂褶菌

1)发病症状 裂褶菌属担子菌亚纲、伞菌目、白蘑科、裂褶菌属,又称为白参,鸡冠菌子。菌丝生长温度为10~42℃,28~35℃生长最适,段木受日光暴晒,温度升高,干燥容易发生裂褶菌,是段木过干的指示菌。发病后菌丝生长较快,树皮下段木腐朽的范围比子实体着生的部位大得多,菌丝侵入的部位银耳菌丝不能生长。该菌腐朽部往往全部变为淡黑褐色。段木表面上的杂菌,菌盖1~3厘米,无柄,以菌盖的一侧或背面的一部分附着于基物上,扇形或圆形,有时掌状开裂,表面密生粗毛,白色至灰色或灰褐色;菌褶白色至灰色,淡肉色或淡紫褐色,每片菌褶边缘纵裂为两半,近革质,干燥后收缩,吸水后恢复原形。

2)防控方法 发生裂褶菌耳棚实行遮阴处理,防止段木暴晒,被该菌严重危害的段木应烧掉或进行隔离处理。

2. 截头炭团菌（图 3-10-4）

图 3-10-4 银耳段木上的截头炭团菌

1）识别 截头炭团菌属子囊菌纲、炭角菌目、炭角菌科、炭团菌属。早春阳光直射，段木温度升高是诱发该菌感染的原因。该菌在木材内部生长较快，受害的银耳段木腐朽形成淡褐色的斑点，腐朽力中等，材质变脆，产量大减。

发生初期，从段木树皮裂缝处和横断面上发生许多黄绿色的小菌落，菌落逐渐生长，互相愈合，连成一片，逐渐开始长出黑色的子座，黄绿色的霉菌逐渐消失，子座不断生长，不久成熟，子座半球形至瘤形，直径 5 毫米或相互连接而不规则。在空气相对湿度 90% 以上，温度 5~30 ℃子囊孢子开始放出，在 20~25 ℃放出最多，子囊孢子外层透明的细胞壁遇水后脱掉，露出内壁的发芽孔，菌丝就从这个芽孔长出，因此，子囊孢子要有足够的水分才能萌发，空气相对湿度达不到 95% 以上，就不会萌发。萌发温度 5~35 ℃，以 25~35 ℃适宜，萌发的 pH 为 3.0~8.0，适宜 pH 4.5~7.0，菌丝生长温度 10~35 ℃，适宜温度 25~30 ℃。

2）防控方法 选择适宜的栽培季节，清除耳棚周围的杂草、灌木，使耳棚空气流通，避免耳棚高温、高湿。用苯菌灵、硫菌灵能抑制孢子萌发和菌丝生长。

3. 云芝

1）识别 云芝又名彩绒、革菌、瓦菌，属担子菌纲、多孔菌目、多孔菌科、革盖菌属。云芝常成群生于各种阔叶树的银耳段木上，引起段木的白色腐朽，范围极广。在气温高、光亮、湿度高的环境下，侵染力强，有时整个段木表面全部被这种杂菌长满，严重影响银耳的生长。耳树砍伐期不当，段木过干，树皮破损，有枯枝死节、腐朽部分，都会诱发云芝侵入段木。

2)防控方法 接种之后的段木要注意管理,使银耳和香灰菌菌丝尽早在段木中全面蔓延生长,为此,要注意耳树的砍伐期,在架晒期、接种期和段木堆码期等,各项管理工作必须符合耳树的实际情况进行。

烂耳有两种情况:一种是高温、高湿烂耳,即因子实体吸水过多(喷水过重或暴雨冲刷)造成生理性烂耳;另一种是由于菌种带有螨虫,或水质不洁,带有木霉、细菌、线虫等病原菌,造成病理性烂耳,子实体腐烂后又黏附在耳杆上,在喷水时通过水滴侵染健康子实体。

生理性烂耳要控制喷水量和避免棚内高温,在原基分化阶段,空气相对湿度应控制在85%~90%,子实体生长阶段,喷水防止过湿,发现幼耳烂耳,应摘除并挖去烂掉的耳根,用石灰水涂患处,亦可用1:600倍的漂白粉溶液喷洒,控制病原菌蔓延。病理性烂耳不仅要控制喷水量和高温,还要用刀将烂耳刮去,烂根剜出,擦去黏液,再用药物擦抹。

(六)害虫的识别与防治

1. 线虫

1)识别 线虫属于无脊椎动物,危害食用菌的线虫有多个种类,银耳是较易受线虫危害的食用菌种类,由于虫体微小,肉眼无法观察,常被误认为是杂菌危害或高温烧菌。银耳子实体受线虫危害后,造成鼻涕状腐烂。线虫的排泄物是多种细菌的营养,被线虫危害过的基质散发出臭味,出耳阶段线虫危害容易造成烂耳。

2)发生条件 气温15~30 ℃,含水量大的腐殖质料都有线虫的分布,25 ℃左右,10天可繁殖一代,5 ℃以下,停止活动,50 ℃干燥状态下,虫体休眠。6~8月,气温超过34 ℃,银耳线虫(小杆线虫)大量死亡。

3)防治方法 降低培养料内的水分和栽培场所的空气湿度可以减少线虫的繁殖量,减轻危害。强化培养料处理,高温杀死线虫。使用清洁水喷施耳体,池塘死水含有大量的虫卵,常导致线虫泛滥,可加入适量明矾沉淀,除去线虫后使用。耳房的熏蒸可用磷化铝6克/米³,封闭2天后使用。药剂防治可使用菇净1 000倍喷施,可有效杀死料内线虫。

2. 菌蚊

1)识别 菌蚊属于双翅目,是食用菌栽培中最常见的害虫,主要有多菌蚊、中华新蕈蚊、小菌蚊等。其幼虫直接取食菌丝和子实体,钻蛀幼嫩子实体,造成耳基变黑黏糊,引起流耳和杂菌侵染。成虫携带螨虫和病菌,随着虫体活动传播,造成多种病虫同时发生。其中多菌蚊是最近出现的新属,危害较严重。

2)发生条件 多菌蚊适宜中低温环境,0~26 ℃均能完成正常的生活周期,15~25 ℃最为活跃,秋季的11~12月,以及春季3~6月是繁殖高峰期,幼虫一般4~5龄,幼虫期10~15天,初孵化的幼虫丝状,群集于水分较多的腐烂料内,逐渐向料内或耳体内钻蛀,老熟幼虫爬出料面,在袋边或耳基处结茧化蛹,以蛹的形式越夏,在冬季大棚内能正常取食,无明显的越冬期。

3)防治方法 防治多菌蚊需要合理选择栽培场地和季节,选择清洁干燥和向阳的

银耳

生产能手谈经

场地,周围 50 米内无水塘,无腐烂堆积物,减少寄生场所,减少虫源。错开银耳出耳期和多菌蚊的活动期。耳房安装防虫网、出菌房内使用杀虫灯和黄板,减少虫源。密切观察虫害发生动态,发现少量多菌蚊活动时,结合出耳情况及时用药,将外来虫源或耳房内的虫源消灭。喷药前能采收的耳体应全部采收,并停止浇水 1 天。

3. 螨虫

1)识别　螨虫也称为菌虱、菌蜘蛛。据报道在食用菌中常见的螨类至少有 7 种,螨虫体小,扁平,隐蔽性强,防治难度较大。菌种带螨是螨虫传播的重要途径。

螨虫取食菌丝体和子实体,当螨虫聚集于耳基根部取食,造成耳片枯萎死亡,危害菌丝造成退菌,培养料发黑松散,携带病菌,引起病害发生。

2)发生条件　螨虫喜高温,15～38 ℃是繁殖高峰,当温度 5～10 ℃时,虫体活动较少,温度上升至 15 ℃以上,开始活动,20～30 ℃,15～18 天繁殖一代。螨虫能以成螨和卵的形式在耳房层架间隙内越冬,在温度适宜和养料充足的时候继续危害。一旦出现螨虫,场地连续几年都会受到危害。

3)防控方法　螨虫的防控,应注意以下几点:第一,选用无螨菌种。第二彻底清扫耳房,改用无机材料搭建耳房,减少螨虫滋生。出耳期出现螨虫危害时,应及时采摘可采的耳体,用菇净 1 000 倍喷雾,5 天左右再喷 1 次,连续 2～3 次,可有效控制螨虫危害。

4. 马陆

1)识别　马陆俗称草鞋虫,主要取食腐殖质、菌丝和幼小的菇蕾。被害的菌袋、场所常散发马陆特有的膘味,气味难闻。

2)发生条件　耳房温度在 15 ℃以上时开始活动,在夏季多雨的季节,空气相对湿度在 90%以上时,马陆群集于培养料或菌棒取食。

3)防控方法　马陆需要保持耳房清洁,适当降低培养料和耳房的空气相对湿度,增加光照度,当马陆量较大时,可用适宜的药剂防治,也可采用将稻草或茅草泡湿,当晚放在耳房内,第二天早上把稻草或茅草抱出耳房烧掉的方法治理。

(七)银耳常用消毒及杀菌剂的使用方法

银耳常用消毒剂及杀菌剂的使用方法如表 3-10-1。

表 3-10-1　银耳常用消毒剂及杀菌剂的配制及使用方法

产品名称	防治对象	使用方法
苯酚(又名石炭酸)	真菌、细菌	3%～5%水溶液,用于无菌室、培养室、生产车间等喷雾消毒及接种工具的消毒
高锰酸钾	真菌、细菌	与甲醛混合进行熏蒸消毒,或用 0.1%水溶液消毒工具、环境
漂白粉(含氯 25%～32%)	真菌、细菌	用 3%～4%水溶液喷雾消毒接种室、培养室、冷却室和生产车间等,如在 4%水溶液中加入 0.25%～0.4%硫酸铵有增效作用
漂粉精(含氯 80%～85%)	真菌、细菌、藻类	用 0.3%浓度处理喷菇用水,1%～2%水溶液喷雾消毒接种室、培养室、冷却室和生产车间等

续表

产品名称	防治对象	使用方法
二氯异氰尿酸钠（含氯56%~64.5%）	真菌、细菌、藻类	属有机氯，性质稳定，具有很强的氧化性，杀菌效果好，无残留，是烟雾消毒剂的主要成分。可用0.1%浓度处理喷菇用水，0.3%~0.5%水溶液消毒接种室、培养室、冷却室和工具等
新洁尔灭	真菌、细菌	20倍溶液用于洗手、材料表面及器械消毒
二氧化氯	细菌、真菌、线虫	培养室、栽培室床架、地面等，喷洒0.5%~1%水溶液消毒，或用2%~5%水溶液表面消毒
乙醇（75%）	细菌、真菌	接种时手表面擦拭消毒，母种、原种瓶表面消毒，接种工具表面消毒
氨水	菇蝇类、螨类	17倍液菇房熏蒸，室外半地下式栽培地面喷洒，50倍液直接喷洒
烟雾消毒剂	真菌、细菌	接种室（箱）、栽培室空间熏蒸消毒，用量为3~5克/米³
石灰	霉菌、蛞蝓、潮虫	栽培室及工作室地面消毒，培养料表面患处直接撒粉，培养料拌入，配制石硫合剂或配制5%~20%水溶液直接喷洒
硫黄	真菌、螨类	用于接种室、栽培室空间熏蒸消毒，用量为15克/米³，配制石硫合剂
来苏儿（50%酚皂液）	细菌、真菌	1%~2%用于洗手或室内喷雾消毒，用3%溶液进行器械及接种工具浸泡消毒
硫酸铜	细菌、真菌	20倍液用于洗手消毒，材料表面及器械消毒
克霉灵	真菌、细菌	300倍液用于环境消毒，1 000倍液处理喷洒用水
克霉灵Ⅱ型	真菌	300倍液用于银耳软腐病、绿霉病等真菌性病害的治疗，600倍液预防病害发生
万菌消	真菌、细菌	600倍液用于培养室、栽培室等消毒，1 200倍液治疗子实体黑斑病、锈斑病，2 000倍液处理喷洒用水
霉斑净	真菌、细菌	300倍液用于子实体斑点病的治疗，800~1 200倍液处理喷洒用水
50%多菌灵	真菌	1 000倍液拌料，600倍液料面、墙壁、空间喷洒
70%硫菌灵	真菌	栽培料干重的0.1%拌料，800倍液料面、空间喷雾
75%百菌清	真菌	800倍液喷洒培养架、栽培架、墙壁、空间等
45%代森锌	真菌	500倍液耳房、料面喷洒，1 000倍液拌料

（八）无公害银耳生产禁用农药

按照《农药管理条例》，"使用农药应当遵守国家有关农药安全、合理使用的规定，按照规定的用药量、用药次数、用药方法和安全间隔期施药，防止污染农副产品。剧毒、高毒农药不得用于防治卫生害虫,不得用于蔬菜、瓜果、茶叶和中草药材"。银耳作为蔬菜的一部分应参照执行,不得在培养基中加入或在栽培场所使用。剧毒、高毒、高残留药物有:甲拌磷、乙拌磷、久效磷、对硫磷、甲基对硫磷、甲胺磷、苏化203、甲基异柳磷、治螟磷、氧乐果、磷胺、地虫硫磷、灭克磷、水胺硫磷、氯唑磷、硫线磷、滴滴涕、六六六、林丹、甲氧高残毒DDT、硫丹、杀虫脒、磷化锌、磷化铝、呋喃丹、三氯杀螨醇等。

附录一 段木银耳和代料银耳的鉴别

　　银耳又称作白木耳、雪耳、银耳子等,有"菌中之冠"的美称。银耳味甘、淡,性平,无毒,既有补脾开胃的功效,又有益气清肠、滋阴润肺的作用。既能增强人体免疫力,又可增强肿瘤患者对放、化疗的耐受力。银耳富有天然植物性胶质,外加其具有滋阴的作用,是可以长期服用的良好润肤食品。目前我国银耳的主要栽培方式有 2 种:一种是段木栽培,即段木银耳;另一种是使用木屑、棉籽壳或玉米芯等混合料进行代料栽培,即代料银耳。以下主要介绍如何鉴别它们。

　　1. 看价格　段木银耳批发价 100～200 元/千克,代料银耳批发价为 60～70 元/千克。

　　2. 看外形　从外形上来看,段木银耳是一朵一朵的,银耳看起来包得很紧,大小不一样,朵形较小,耳基较小,肉厚;代料银耳外观较散,大小基本是一致,朵形较大,耳基较大,肉薄。

　　3. 看颜色　段木银耳颜色偏黄,色彩不均衡,有些偏黄,有些偏白,卖相不是很好,有光泽;代料银耳是用塑料袋栽培的,几乎无色差,一个颜色,无光泽。

　　4. 看重量　相同的克数,段木银耳看起来少,因为它很重;代料银耳体积大,看起来很多。

　　5. 闻味道　一般段木银耳有种清香的银耳味道,因为是段木上长的;代料银耳是种植在塑料袋里的,有种刺鼻的味道,不太好闻。

　　6. 泡水　段木银耳泡水后弹性大,吸足量后可达原重 16 倍;代料银耳泡水后弹性小,吸足量后一般为原重的 10～12 倍。

　　7. 蒸煮　段木银耳易炖化,不见原来的朵形,耳羹成糊状流质,黏稠度高;代料银耳不易炖化,仍看见原来的朵形,耳羹成汤状流质,黏稠度低。

　　8. 品尝　段木银耳炖化后耳羹入口不腻、耳片柔韧绵软、耳汤融为一体,口感好。代料银耳耳羹入口较腻、耳片松脆、耳汤分离,口感较差。

附录二　银耳菜谱

1. 银耳莲子羹

食材：银耳 1 朵，枣（干）一小把，莲子一小把，枸杞子 10 克，冰糖适量，水适量。

做法：①银耳泡开、洗净，浸泡 2 小时以上，红枣刷洗干净，泡水备用。

②莲子和枸杞冲洗干净，不用浸泡。银耳放入高压锅中，上汽后 30 分，关火自然排气。

③加入红枣，盖上盖子，上汽后 10 分，关火。

④自然排气后打开放入莲子，再次上汽后 10 分，关火。

⑤自然排气，打开后放入冰糖、枸杞，不用盖盖，小火煮至冰糖溶化关火即可。

2. 银耳粥

食材：小米半碗，银耳 2 朵，枸杞子一小把，红枣几个，冰糖适量。

做法：①银耳泡发后去蒂掰成小朵，小米洗净用清水浸泡 1 小时。

②枸杞用温水洗净，银耳倒入锅里加几个红枣，添加清水，大火煮开。

③放小米再次煮开后，转小火，熬至米烂，米烂银耳也软糯了。

④这时加入枸杞和冰糖，继续煮到冰糖化开即可。

3. 木瓜银耳汤

食材：木瓜半个，银耳 50 克，冰糖适量。

做法：①银耳用水泡发 1 小时，冲洗干净后，摘成小碎片放入高压锅。

②木瓜去外皮，剖开为二，去掉中间的瓤，切成小块，放入高压锅。

③高压锅中倒入没过食材的水，加入冰糖，盖上盖子，大火上汽后，转小火煮 30 分即可。

4. 凉拌银耳

食材：银耳 50 克，紫甘蓝适量，食盐 1 茶匙，葱 1 根，蒜 5 瓣，香油 1 汤匙，白糖少许，白醋 1 汤匙，蘑菇精适量。

做法：①水发银耳摘去根蒂，撕成小朵，冲洗干净后过沸水轻烫。

②捞出沥水，放入调理盆。

③将紫甘蓝小叶洗净，大蒜切碎，小葱切葱花，加入姜丝，一同放入调理盆。

④撒上适量的盐和蘑菇精，淋入白糖和白醋，滴上香油，拌匀，装入保鲜盒，放入冰箱冷藏，凉透入味，即可食用。

5. 紫薯银耳汤

食材：紫薯1个，银耳1朵，冰糖适量。

做法：①将银耳用清水浸泡1小时左右，至银耳变软、完全舒展开来，紫薯去皮切小丁。

②银耳泡发好后，冲洗掉灰尘等小杂质，再撕成小片，将银耳放入汤煲内，加水，煮开后转小火炖煮1小时(水可以多加点，且要一次加足。一定是小火慢炖，才能将胶质煮出来)。

③1小时后，银耳已经煮得比较软了，下入紫薯和冰糖，继续煮45分，至紫薯熟透，汤汁黏稠即可。

6. 凉拌银耳

食材：银耳半朵，盐一撮，生抽一勺，青辣椒1个，红辣椒1个。

做法：①银耳用冷水泡发，去掉蒂，沥干水备用。

②烧开一锅水，将处理好的银耳倒进去氽烫。

③烫好的银耳放入凉开水中浸泡，沥干水分装盘。

④青红椒碎放在上面淋上生抽，加点盐，翻拌均匀即可。

⑤放入冰箱冷藏片刻会更好吃。

7. 芙蓉银耳

食材：水发银耳50克，鸡蛋清6个，牛奶200克，熟火腿10克，鸡汤、料酒、精盐、味精各适量。

做法：①将鸡蛋清、牛奶一起放入汤碗中，加入鸡汤200克，并加少许精盐、味精打匀，上笼蒸熟取出，成芙蓉蛋。

②将银耳洗净，沥干水分，放入碗中，加入精盐、味精和少许水，上笼蒸烂取出。

③将鸡汤烧开，加适量精盐、味精后，起锅倒入另一汤碗中，然后将蒸好的芙蓉蛋用汤匙挖片，放入鸡汤碗中，再将蒸好的银耳覆盖在芙蓉蛋片上。

④将熟火腿切成10片菱形片，在银耳上拼摆成花形即成。

8. 明月银耳汤

食材：银耳25克，鸽蛋10个，清汤1.2千克，熟金华火腿肉50克，芫荽5克，精盐3.5克，黄酒10克，味精7.5克。

做法：①将银耳用温水泡发，去根蒂，再用清水洗净，在开水锅中氽透，捞出沥去水分。火腿切成末；芫荽洗净，掐去梗，留双叶。

②将鸽蛋外皮洗净，打入10个小酒盅里(盅内先涂上一层油)，再把芫荽叶和火腿末粘在鸽蛋上，放蒸锅上汽后关小火蒸7~8分。取下把酒盅泡入凉水中，起出蒸好的鸽蛋，泡入凉水中。

③起锅放入清汤，加入精盐、黄酒和味精，把银耳与熟鸽蛋放入汤内，汤烧开撇去浮沫，盛入10个小汤碗中。

9. 绣球银耳

食材：水发银耳50克，水发香菇2朵，虾仁100克，熟火腿25克，鸡蛋清2克，蛋皮半张,熟肥膘少许,荸荠2个,鸡汤、精盐、味精、料酒、生粉、姜汁、葱各适量。

做法:①将洗净的银耳、香菇、熟火腿、蛋皮、葱分别切成细丝后,和在一起拌匀待用。

②将虾仁洗净,与熟肥膘、荸荠分别切成末,一起放在碗里,加蛋清、精盐、味精、料酒、葱、姜汁,打成虾蓉,然后挤成12个虾球。

③将虾球均匀地蘸上银耳等细丝料,倒入盘中,上笼蒸10分左右取出,冲入烧沸的鸡汤即成。

10. 牡丹银耳

食材:银耳150克,豆腐1块,芫荽10克,黄豆芽汤200克,素火腿少许,味精、精盐、水、淀粉各适量。

做法:①把银耳用温水泡开,除去根、杂质,洗干净,均匀地摆放在盘子里。豆腐捣碎压成泥,加入精盐、味精调拌均匀,加适量淀粉搅成糊备用。

②用一个碗,将调拌好的豆腐泥均匀地装在里面,上边再撒火腿末、芫荽,蒸5分左右取出,均匀地摆在装银耳的盘子里。

③将大炒勺放火上,加入黄豆芽汤、精盐,烧开后加入味精,用少许水淀粉勾芡,浇在"牡丹银耳"上即可食用。

11. 凤冠银耳

食材:干银耳10克,水发香菇20克,净虾仁150克,猪肥膘100克,鸡蛋清2个,火腿肉15克,鸡汤、味精、精盐、生粉、料酒、葱、姜汁各适量。

做法:①将虾仁、熟肥膘洗净分别斩成蓉泥,一并放在碗中,加入蛋清、精盐、料酒、味精、葱姜汁,拌成虾肉馅,挤成桂圆大小的馅球。

②香菇切成小圆片,火腿切成菱形小薄片。

③银耳泡发后去蒂,洗净,选出同样大小的10朵,沥干水分,加精盐、味精拌匀,每朵银耳中装进1只虾肉馅球,上插1片菱形火腿片,再插1片香菇小圆片,然后整齐地排在盘内,上笼蒸透取出。

④锅内入鸡汤煮沸,加入味精、精盐,搅匀后勾薄芡,出锅徐徐浇进银耳中,10片菱形片,在银耳上拼摆成花形即成。

12. 鸡蓉银耳

食材:干银耳15克,鸡脯肉100克,火腿肉末10克,猪肥膘25克,鸡蛋清3个,鸡汤、白酱油、味精、生粉、高汤、熟猪油各适量。

做法:①将银耳泡开去蒂洗净,放在碗中加入高汤,上笼旺火蒸透,取出沥去汁。

②将鸡脯肉、猪肥膘分别剁成细泥,拌和放在碗中,加调料、蛋清、鸡汤,用筷子搅拌成鸡蓉糊。

③炒锅洗净置文火上,放入生粉水慢搅至乳白色时,加白酱油、味精调匀,放入鸡蓉糊,改用文火烧,用铁勺不断搅动,最后倒入银耳翻炒几次,起锅装在盘中,撒上火腿末即成。

附录

13. 茉莉银耳

食材:水发银耳 50 克,茉莉花 20 朵,鸡汤、熟猪油、料酒、精盐、味精、葱段、姜片各适量。

做法:①将银耳去蒂洗净,并将大朵银耳撕开,放在汤盘中,加鸡汤、精盐、葱段、姜片,上笼蒸烂取出,拣出葱、姜。

②炒锅放油烧热,下葱段、姜片煸出香味,加入鸡汤,捞出葱、姜。

③放入银耳,再加料酒、精盐、味精烧沸,撇去浮沫,撒上去蒂的茉莉花朵,出锅即成。

14. 白扒银耳

食材:干银耳 15 克,嫩丝瓜 250 克,熟火腿 10 片,熟鸡脯肉 50 克,笋尖 50 克,小香菇 30 克,高汤、熟猪油、料酒、精盐、味精、生粉、胡椒粉、葱段、姜片各适量。

做法:①将银耳泡发去蒂洗净,加高汤、葱、姜、料酒、精盐、味精,上笼蒸烂取出,去掉葱、姜,滗出汤汁。

②将小香菇泡发去蒂洗净,丝瓜削皮,剖开,去瓤,切成斜刀片。熟火腿、熟鸡脯肉、笋尖分别切成薄片待用。

③炒锅放猪油烧热,放入银耳及熟火腿片、熟鸡脯肉片、笋尖片,翻炒几下,加入高汤、料酒、精盐、味精。

④待汤汁收浓时,勾薄芡,撒少许胡椒粉,出锅即成。

15. 西米银耳羹

食材:干银耳 15 克,西贡米 150 克,糖桂花少许,白糖 200 克。

做法:①将银耳放入温水内泡发,去根蒂,洗净。

②将西贡米放开水锅内略余,然后将锅离火,待锅内水凉后捞出西贡米,冷水漂洗,沥干。

③往锅内加清水,放入银耳,烧沸后加入白糖、西贡米;待再沸时用勺推搅,加入糖桂花,搅至汤浓时起锅食用。其特点为银耳软烂,西贡米透明光亮,味道甜香。

16. 珍珠银耳

食材:水发银耳 50 克,鸡里脊肉 100 克,猪肥膘肉 25 克,1 个鸡蛋的蛋清,熟瘦火腿肉、冬笋各 10 克,油纸 1 张。精盐、味精、绍兴酒、鸡汤、明油各适量。

做法:①将泡好的银耳除去根及泥沙污物,用水洗净待用。把瘦火腿肉、冬笋切成小"象眼"片。

②将肥膘肉切成片,与鸡里脊肉一起用刀背砸成细泥,加蛋清、鸡汤、味精、绍兴酒、精盐,用筷子搅匀成稠粥状。用油纸卷成牛角形的纸筒,将鸡肉泥装在筒里。把纸筒的尖端剪去一小段,使之能挤出鸡肉泥。

③在盘内抹上一层猪肉,将纸筒内的鸡肉泥一个一个地挤成珍珠形丸子放在盘内。

④炒勺内放入鸡汤,烧开后将珍珠形的鸡肉丸子放入汤内。汤开时,再放入银耳、火腿、冬笋片余一下,捞在汤碗内。勺内加精盐、绍兴酒、味精,待汤开后撇净浮沫,加点明油,浇在碗内即成。

17. 黑白双耳煲鸡腿

食材:鸡架1只,鸡腿2个,黑木耳30克,银耳30克,葱、姜、盐、胡椒粉各适量,料酒25毫升。

做法:①黑木耳、银耳提前泡发洗净,鸡架和鸡腿洗净备用。

②把鸡腿剁小块,然后把鸡架和鸡腿用开水焯烫洗净备用。

③把葱、姜和鸡肉放入电压力锅内,加入适量热水。再放入洗净撕小朵的黑木耳、银耳。加入料酒后合盖选择炖鸡键开始炖。

④结束提示后,开盖加盐、胡椒粉,调好味道即可食用。

18. 泰式鲜虾银耳沙拉

食材:银耳1朵,鲜虾8只,洋葱1/3个,香葱少许,香芹1棵,胡椒粉少许,料酒少许,蒜3瓣,小红辣椒3个,鱼露3勺,青柠檬汁2勺,白糖1勺。

做法:①银耳提前泡发,去蒂洗净撕小朵。

②虾去头、去壳、去虾线洗净,放入少许胡椒粉、料酒腌制10分左右。

③洋葱切丝,小红辣椒、蒜切碎备用。

④将辣椒、蒜末、鱼露、青柠汁、糖放入碗中搅拌均匀成沙拉汁备用。

⑤银耳、虾仁、香芹分别入开水锅中焯熟,放入准备好的冰水中浸泡片刻,捞出沥干水分装盘。

⑥放入切好的洋葱丝,倒入调好的沙拉汁拌匀即可。

19. 荸荠银耳红枣汤

食材:荸荠4个,银耳8克,红枣10颗,老冰糖40克。

做法:①银耳泡发后(泡约半小时),去掉黄色根部,撕成小朵。

②马蹄去皮切小块。

③食材处理好后都放入电饭煲中,加入水,到水位线的3/4位置,开始烹饪。

④程序结束即可。

20. 芡实薏米银耳羹

食材:银耳半朵,薏米30克,芡实25克,枸杞子少许,冰糖适量。

做法:①银耳先用冷水泡开,去掉黄蒂,撕成碎朵。

②芡实、薏米泡水1小时以上洗干净。

③洗干净的芡实、薏米,加上银耳,入锅。大火煮开后,转小火煮1.5~2小时。

④关火前10分加入冰糖。

⑤关火,枸杞子入锅闷一下即可。

21. 桃胶皂角米雪燕红枣银耳汤

食材:雪燕6克,枸杞子15克,红枣20个,桃胶30克,皂角米10克,鲜银耳大半朵,老冰糖适量。

做法:①把雪燕、桃胶、皂角米和鲜银耳分别装在小盆里,浸泡12小时以上。

②全部泡好后,将鲜银耳的根头去掉,冲洗干净后撕成小片;雪燕拣去杂质,放滤网中清洗干净;桃胶拣去杂质后洗净;同样把皂角米冲洗干净备用;红枣、枸杞子放入前

再洗。

③锅中放入银耳和足量清水,大火煮开后转小火慢炖20分;其间注意不要溢锅。

④煮到银耳变软糯后,即筷子能夹断就可以,放入洗好的桃胶。

⑤放入皂角米。接着倒入洗净的红枣和老冰糖,大火煮开后,转小火再继续炖20~30分。

⑥最后加入洗好的雪燕和枸杞子,小火再炖8~10分即可。

22. 银耳南瓜炖牛奶

食材:牛奶适量,干银耳少许,南瓜适量,枸杞子少许。

做法:①银耳泡发。

②砂锅水开后放入银耳,炖半小时。

③加南瓜丁。

④南瓜煮软放牛奶,放枸杞子。

⑤搅拌均匀后煮至牛奶微沸即可。

23. 梨子银耳百合甜汤

食材:梨子一小块,银耳少许,百合少许,冰糖少许,枸杞子少许,桂圆少许。

做法:①银耳用清水泡发,百合泡软,然后把所有食材放入小汤锅加适量的水。

②大火煮开,转中小火煮20分即可。

③煮好后不要打开盖子闷一会儿更好。

24. 乌鸡四味汤

食材:乌鸡1只,沙参30克,玉竹30克,百合30克,莲子30克,薏米30克,银耳1朵,盐适量。

做法:①薏米用水泡30分。

②银耳泡发,撕成小块。

③沙参、莲子、百合、玉竹泡30分。

④乌鸡去皮剁大块。

⑤冷水下锅,把乌鸡飞水,水开后煮3~4分,捞出洗掉浮沫。

⑥把以上材料放入电压力锅,注入适量清水,按煲汤键开煮。

⑦煲好排气后,打开盖子,撇去肥油,放盐调味即可。

25. 南北杏银耳煲猪腱

食材:猪腱肉500克,南杏仁20克,北杏仁10克,银耳10克,盐1茶匙,清水1 800毫升。

做法:①将南杏仁、北杏仁洗干净后,用水浸泡20分。

②银耳用冷水浸泡20分后去黄色的蒂,撕成小块。

③将猪腱肉洗干净,切成大块,放入锅中,倒入清水。大火煮沸后撇去浮沫,继续煮2分捞出,再用清水清洗掉猪腱肉上的浮沫。

④将锅中的水倒掉,洗干净后,放入猪腱肉,倒入足量的清水。

⑤大火煮开后,加入南杏仁、北杏仁和银耳。

⑥盖上盖子,换成小火煲2小时。

⑦将煮好的南北杏银耳猪腱汤调入盐,拌匀,盛入碗中即可。

26. 罗汉果川贝银耳羹

食材:川贝10克,银耳80克,枸杞子10颗,莲子10颗,罗汉果1/2个。

做法:①将罗汉果洗净取果肉,掰成小块,莲子去芯洗净备用。

②将银耳放入清水中泡发,然后剥去黄色的蒂头,撕成小朵。

③银耳放入锅中,先用大火煮开,然后换成小火熬煮。

④等到银耳熬煮出胶质状态时,加入罗汉果果肉、川贝和莲子,继续熬煮10分。

⑤加入枸杞子再翻滚一下,然后盛入碗中即可。

27. 枸杞银耳猪肝汤

食材:猪肝150克,枸杞子10克,银耳10克,葱段适量,姜片适量,盐1/4小匙。

做法:①猪肝洗干净,放入清水中浸泡半个小时,其间换2~3次水,然后切成片。

②银耳泡发后,洗干净,去掉蒂头,掰成小朵。

③锅中加入清水煮开,然后放入银耳、猪肝、枸杞子、葱段、姜片一起烹煮。

④等到猪肝熟透后,加盐调味即可。

28. 双耳牡蛎汤

食材:水发黑木耳、牡蛎各100克,水发银耳50克,料酒10克,葱姜汁20克,精盐3克,鸡精2克,味精、醋各1克,胡椒粉0.5克,高汤500克。

做法:①将黑木耳、银耳撕成小块。

②牡蛎入锅沸水中焯一下捞出。

③另起锅,锅内加高汤烧热,放入黑木耳、银耳、料酒、葱姜汁、鸡精煮约15分。

④下入焯好的牡蛎,加入精盐、醋煮熟,加入味精、胡椒粉调匀,出锅装碗即成。

29. 枇杷百合银耳汤

食材:枇杷2个,银耳适量,百合适量,冰糖适量,水适量。

做法:①银耳泡发撕小块。

②枇杷果去皮将果肉切小粒。

③锅内煮开水,放入银耳、冰糖、百合,小火煨40分。

④放入枇杷再煨15分即可。

30. 大杏仁双耳沙拉

食材:杏仁10颗,银耳3朵,黑木耳(干)5朵,圣女果2个,枸杞子10粒,黑胡椒1/2茶匙,苹果醋1勺,海盐1茶匙,蜂蜜少许,橄榄油3勺。

做法:①银耳洗干净切成小朵泡发。

②黑木耳洗干净泡发。

③圣女果对半切开,放入容器中。

④另取一个碗,先加入1汤勺苹果醋,再加入橄榄油,可以根据自己所需用量调整,只要保证油和醋的比例是3:1即可。加入海盐、黑胡椒碎拌匀,调成油醋汁备用。

⑤银耳和黑木耳泡发好后,再用热水焯一下至软,捞出放入容器中。

⑥放入大杏仁,食用前淋上调制好的油醋汁即可。

⑦装盘摆形状,一道美味又好看的佳肴即成。

31. 银耳苹果露

食材:银耳 1 小朵,苹果半个。

做法:①银耳泡发后,去掉蒂头。

②放入水中焯烫熟,然后捞起沥干水分。

③苹果切皮去核,切成小块。

④将苹果和银耳放入搅拌机中,搅打成细腻的糊状。

⑤盛入小碗即可。

32. 芋头银耳粥

食材:芋头 100 克,干银耳 30 克,白米 2/3 量米杯,枸杞子 5 克,水 6.5 量米杯。

做法:①将银耳泡软,去蒂,撕成小块。

②将芋头削皮洗干净,切成丁。

③将白米洗干净,放入锅中加水煮沸后,转成小火继续煮。

④放入芋头、银耳和枸杞子,熬煮至所有食材熟透。

⑤出锅,盛入碗中即可。

银耳

生产能手谈经

参考文献

[1] 丁湖广,丁荣辉.银耳生产关键技术百问百答[M].北京:中国农业出版社,2006.

[2] 黄年来.中国银耳生产[M].北京:中国农业出版社,2000.

[3] 李昊.优质银耳高产栽培新技术[M].北京:金盾出版社,2014.

[4] 申建和,陈琼华.木耳多糖、银耳多糖和银耳孢子多糖的降血脂作用[J].中国药科大学学报,1989,20(6):344-347.

[5] 申建和,陈琼华.黑木耳多糖、银耳多糖、银耳孢子多糖的抗凝血作用[J].中国药科大学学报,1987,18(2):137-140.

[6] 申建和,陈琼华.木耳多糖、银耳多糖和银耳孢子多糖的强心作用[J].生化药物杂志,1990(4):20-23.

[7] 田云霞,童江云,汪威,等.银耳属伴生现象研究进展[J].食用菌,2019,41(4):1-3.

[8] 罗信昌.中国银耳研究之历史回顾[J].菌物学报,2013,32(Z1):14-19.

[9] 邵平,薛力,洪台,等.银耳栽培与加工技术的研究进展及应用现状分析[J].食药用菌,2011,19(2):4-8.

[10] 刘娟,候丽华,杨双熙,等.环境因子对二型态银耳节孢子形态转换的影响[J].武汉大学学报(理学版),2007,53(6):737-740.

[11] 彭卫红,王勇,黄忠乾,等.我国银耳研究现状与存在问题[J].食用菌学报,2005,12(1):51-56.

[12] 王秋果,凌云坤,刘达玉,等.段木银耳与袋栽银耳营养素和安全性的对比分析[J].食品工业,2018,39(11):214-217.

[13] 吴尧.银耳菌丝与香灰菌丝相互作用关系的初步研究[D].武汉:华中农业大学,2008.

[14] Fox R D,Wong G J. Homothallism and heterothallism in Tremella fuciformis[J]. Canadian Journal of Botany,1990,68(1):107-111.

[15] 盛桂华,陈立国,马爱民.银耳交配型A因子的测定[J].华中农业大学学报,2002,21(5):444-446.

[16] 陈明,陈立国,汪国莲.银耳极性测定的初步研究[J].华中农业大学学报,2000,19(2):138-141.

[17] 邓优锦,王庆福,陈介斌,等.具有拮抗关系的18个香灰菌株遗传差异性分析[J].食用菌学报,2014,21(2):25-31.

[18] 谢宝贵.银耳及其伴生菌胞外木质纤维素降解酶的研究[J].福建食用菌,

1992,1(4):20-21.

[19] 徐碧如,许荡云.银耳菌与耳友菌的特征及其区别[J].中国食用菌,1997(2):10-12.

[20] 彭彪,戴维浩,林雄平,等.6种木屑培养基对银耳菌种生长的影响[J].安徽农业科学,2012,40(19):10052-10053.

[21] 贺国强.菌中燕窝 银耳[J].北京农业,2015(10):38-39.

银耳

生产能手谈经